普通高等院校"十四五"计算机基础系列教材

大学计算机——Python版

李俊生　王怀超　王艳华◎主编

中国铁道出版社有限公司
CHINA RAILWAY PUBLISHING HOUSE CO., LTD.

内 容 简 介

本书有机融合了"大学计算机基础"与"程序设计"课程的内容，涵盖了Python语言的大部分知识点，共分7章，主要包括Python语言程序设计入门、Python语言程序设计基础、程序控制、组合数据类型、函数、数据文件、模块和库等内容。全书由浅入深地讲解了Python的基本语法、程序设计思想及问题求解方法，并结合大量实际案例，帮助读者更好地掌握知识点。附录部分是计算机基础知识内容。

本书适合作为普通高等院校非计算机专业大学计算机基础相关课程的教材，也可作为相关专业技术人员的自学参考用书。

图书在版编目（CIP）数据

大学计算机：Python版/李俊生，王怀超，王艳华主编. —北京：中国铁道出版社有限公司，2022.8（2024.1重印）
普通高等院校"十四五"计算机基础系列教材
ISBN 978-7-113-29334-5

I. ①大… II. ①李… ②王… ③王… III. ①软件工具-程序设计-高等学校-教材 IV. ①TP311.561

中国版本图书馆CIP数据核字(2022)第111685号

书　　名	大学计算机——Python版
作　　者	李俊生　王怀超　王艳华
策　　划	魏　娜　　　　　　　　　编辑部电话：（010）63549501
责任编辑	贾　星　王占清
封面设计	刘　颖
责任校对	焦桂荣
责任印制	樊启鹏

出版发行：中国铁道出版社有限公司（100054，北京市西城区右安门西街8号）
网　　址：http://www.tdpress.com/51eds
印　　刷：北京联兴盛业印刷股份有限公司
版　　次：2022年8月第1版　2024年1月第4次印刷
开　　本：787 mm×1 092 mm　1/16　印张：16　字数：400千
书　　号：ISBN 978-7-113-29334-5
定　　价：49.00元

版权所有　侵权必究

凡购买铁道版图书，如有印制质量问题，请与本社教材图书营销部联系调换。电话：（010）63550836
打击盗版举报电话：（010）63549461

前　言

　　Python 语言经过 30 多年的发展已形成了完善的计算生态，它具有简洁的语法，相比其他高级语言更专注程序逻辑设计，有助于学生更关注计算问题，而非语言的语法本身。当前计算机领域相关技术已经非常复杂且广泛，Python 具有庞大的计算生态圈，十万多个第三方库几乎覆盖所有技术领域。基于这个特点，Python 非常适合非计算机类专业学生学习。Python 语言程序设计更关注应用问题求解，在强大的第三方库支持下，有助于学生计算思维能力的培养，并对相关专业形成支撑。

　　近年来，大学计算机类基础课程改革如火如荼，其中融合大学计算机基础"宽专融"课程体系中的第一层次（基础性课程）和第二层次（专业性课程）是一个重要的改革方向。融合后，课程将从计算机基础、计算机操作与程序设计三个方面出发，使学生掌握和具备使用程序设计语言解决各类实际计算问题的开发能力及计算思维能力。

　　为了更好地配合课堂教学，帮助学生掌握计算机基础应用和 Python 程序设计，编者在多年大学计算机基础课程教学的基础上，考虑到 Python 语言程序设计在我国的快速发展，结合非计算机专业对学生计算思维能力的要求，组织编写了本书。本书共分 7 章，内容以 Python 语言为主线，涵盖了 Python 语言程序设计基础知识，并融合了大学计算机基础的相关内容。书中各个章节设计了多个实际案例，以其为切入点，使学生能在实际案例背景下理解和巩固所学的知识，理论和实际相结合，提升自身的计算思维能力和数据处理的综合应用能力。在附录 A 部分增加了计算机基础知识相关内容。

　　本书由李俊生、王怀超、王艳华主编，具体编写分工如下：第 1、2 章及附录 A 由王艳华编写，第 3、4 章由李俊生编写，第 5～7 章由王怀超编写。编者所在教学团队对本书提出了许多宝贵建议，在此表示感谢。同时对在本书编写工作中给予帮助和支持的教师、编辑及广大读者表示诚挚的谢意。

本书在编写过程中，参考了国内外的相关研究成果和著作，在此感谢所涉及的所有专家、学者和研究人员。

由于编者水平有限，书中难免有不足之处，敬请广大读者批评指正，帮助我们不断完善本教材。

编 者

2022 年 5 月

目 录

第1章 Python语言程序设计入门 1
1.1 Python 语言简介 1
1.2 Python 语言开发环境 3
1.2.1 Python 语言的安装和配置 3
1.2.2 Python 运行环境 5
1.3 Python 语言程序实例 11
课后练习 22

第2章 Python语言程序设计基础 24
2.1 数字类型 24
2.1.1 整数 24
2.1.2 浮点数类型 25
2.1.3 复数类型 25
2.2 数字类型的操作 26
2.2.1 内置运算符 26
2.2.2 内置的数值运算函数 29
2.2.3 内置的数字类型转换函数 30
2.2.4 math 库 31
2.3 字符串类型及操作 34
2.3.1 字符串类型 34
2.3.2 内置字符串运算符 35
2.3.3 内置字符串处理函数 36
2.3.4 常用内置字符串处理方法 37
2.4 格式化输出 38
2.5 变量 42
2.6 赋值语句 43
2.7 运算符和表达式 45

  2.7.1 运算符 45

  2.7.2 表达式 50

  2.7.3 random 库 50

 课后练习 53

第3章 程序控制 55

 3.1 结构化程序设计 55

  3.1.1 结构化流程图 55

  3.1.2 程序运行的基本结构 56

 3.2 顺序结构 58

 3.3 分支结构 59

  3.3.1 单分支结构：if 语句 59

  3.3.2 双分支结构 62

  3.3.3 多分支结构 64

  3.3.4 if 语句嵌套结构 69

  3.3.5 多重条件判断 71

 3.4 循环控制语句 73

  3.4.1 遍历循环（有限循环）：for 语句 73

  3.4.2 条件循环（非确定次数循环）：while 语句 74

  3.4.3 循环辅助语句：break 和 continue 语句 75

  3.4.4 pass 语句 76

 3.5 异常处理 76

  3.5.1 异常的概念 77

  3.5.2 常见的异常类型 77

  3.5.3 简单的 try...except 语句 77

  3.5.4 try...except...else 语句 78

  3.5.5 try...except...else...finally 语句 79

 3.6 综合应用实例 81

 课后练习 90

第4章 组合数据类型 92

 4.1 列表类型 92

  4.1.1 列表的创建 93

- 4.1.2 访问列表内的元素 ... 93
- 4.1.3 修改元素的值 ... 93
- 4.1.4 切片（分片） ... 94
- 4.1.5 列表拼接 ... 95
- 4.1.6 列表运算符、函数和方法 ... 96
- 4.1.7 列表引用 ... 98
- 4.1.8 列表浅复制和深复制 ... 99
- 4.1.9 综合应用 ... 101

4.2 元组类型 ... 104
- 4.2.1 元组的创建 ... 104
- 4.2.2 访问元组内的元素 ... 104
- 4.2.3 修改元组元素的值 ... 105
- 4.2.4 切片（分片） ... 105
- 4.2.5 元组拼接 ... 106
- 4.2.6 元组运算符、函数和方法 ... 106
- 4.2.7 元组引用 ... 107

4.3 字典类型 ... 108
- 4.3.1 字典的创建 ... 108
- 4.3.2 访问字典内的元素 ... 109
- 4.3.3 修改字典的值 ... 111
- 4.3.4 删除字典元素 ... 111
- 4.3.5 字典运算符、函数和方法 ... 112
- 4.3.6 字典的遍历 ... 115
- 4.3.7 综合应用 ... 116

4.4 集合类型 ... 119
- 4.4.1 集合的创建 ... 119
- 4.4.2 集合运算符号、函数和方法 ... 119
- 4.4.3 集合的遍历 ... 123
- 4.4.4 综合应用 ... 123

4.5 推导式 ... 126
- 4.5.1 无过滤条件的推导式 ... 126

  4.5.2 有过滤条件的推导式 127
  4.5.3 嵌套推导式 127
 课后练习 128

第5章 函数 130

 5.1 函数的作用 130
 5.2 函数的定义与调用 133
  5.2.1 函数的定义 133
  5.2.2 函数的调用 136
 5.3 参数传递 139
  5.3.1 形参和实参 139
  5.3.2 可变对象与不可变对象 141
  5.3.3 位置参数 144
  5.3.4 关键字参数 145
  5.3.5 默认参数 146
  5.3.6 可变参数 147
  5.3.7 参数组合 150
 5.4 lambda() 函数 150
 5.5 函数嵌套与递归 151
  5.5.1 函数的嵌套调用 151
  5.5.2 递归 153
 5.6 变量作用域 157
  5.6.1 不同变量作用域 157
  5.6.2 变量名解析 159
  5.6.3 global 关键字 160
 5.7 综合应用 161
 课后练习 167

第6章 数据文件 169

 6.1 文件概述 169
  6.1.1 文件的概念 169
  6.1.2 文件的分类 170
  6.1.3 文件操作流程 171

6.2 文件操作 172
6.2.1 打开文件 173
6.2.2 读文件 175
6.2.3 写文件 179

6.3 文件系统操作 182

6.4 典型 CSV 文件应用 185
6.4.1 CSV 文件格式 185
6.4.2 CSV 文件数据的处理 186

6.5 综合应用 188

课后练习 194

第7章 模块和库 195

7.1 模块和库的概念 195
7.1.1 模块、包和库 195
7.1.2 模块和包的使用 196

7.2 标准库 198
7.2.1 time 模块 198
7.2.2 datetime 模块 204
7.2.3 random 模块 209

7.3 第三方库 212
7.3.1 pip 安装 212
7.3.2 jieba 库 214
7.3.3 PIL 库 216
7.3.4 numpy 库 221
7.3.5 matplotlib 库 225

课后练习 228

附录A 计算机基础知识 229

A.1 初识计算机 229
A.1.1 计算机的发展 229
A.1.2 计算机的特点 232
A.1.3 计算机系统 232

A.2 信息与计算文化 235

- A.2.1 信息 ... 235
- A.2.2 计算文化 ... 235

A.3 数值在计算机中的表示 ... 236
- A.3.1 计算机中的数制 ... 236
- A.3.2 进制间的相互转换 ... 236
- A.3.3 数的原码、反码和补码 ... 239

A.4 计算机信息编码 ... 240
- A.4.1 BCD 编码 ... 240
- A.4.2 字符编码 ... 240
- A.4.3 汉字编码 ... 241

参考文献 ... 243

第 1 章
Python 语言程序设计入门

　　Python 语言是一种简单易学、功能强大的编程语言，适用于快速的应用程序开发。与传统流行的编程语言（如 C、Java 等）相比，Python 语言的设计概念是使用尽量少的代码，完成其他语言的相同工作，提升代码的可读性。如今，Python 语言已被广泛应用于系统管理任务的处理和 Web 编程。Python 语言已经成为最受欢迎的程序设计语言之一。2004 年以后，Python 语言的使用率呈线性增长。2011 年 1 月，它被 TIOBE 编程语言排行榜评为"2010 年度语言"。2022 年 4 月，Python 位居 TIOBE 编程语言排行榜第一名。

　　由于 Python 语言的简洁性、易读性及可扩展性，在国外用 Python 语言做科学计算的研究机构日益增多，一些知名大学已经采用 Python 语言来教授程序设计课程。例如，卡耐基梅隆大学的编程基础、麻省理工学院的计算机科学及编程导论就使用 Python 语言讲授。众多开源的科学计算软件包都提供了 Python 语言的调用接口，例如，著名的计算机视觉库 OpenCV、三维可视化库 VTK、医学图像处理库 ITK。而 Python 语言专用的科学计算扩展库就更多了，例如，十分经典的科学计算扩展库：NumPy、SciPy 和 matplotlib，它们分别为 Python 语言提供了快速数组处理、数值运算以及绘图功能。因此，Python 语言及其众多的扩展库所构成的开发环境十分适合工程技术、科研人员处理实验数据、制作图表，以及科学计算应用程序开发。

本章重点知识

- Python 语言的发展历程
- Python 语言的特点
- Python 语言的安装和配置
- Python 语言的开发环境
- 使用 Python 语言完成简单程序设计的过程

1.1　Python语言简介

　　Python 语言是由荷兰人吉多·范罗苏姆（Guido van Rossum）（见图 1.1）在 20 世纪 80 年代末和 90 年代初，于荷兰国家数学和计算机科学研究所设计出来的。1989 年圣诞节期间，在阿姆斯特丹，Guido 为了打发圣诞节的无趣，决心开发一个新的脚本解释程序，作为 ABC 语言的一种继承。Python 语言的名字来源于一部 BBC 电视剧——蒙提·派森的飞行马戏团（Monty Python's Flying Circus）。就这样，

图1.1　吉多·范罗苏姆

Python 在 Guido 手中诞生了，Python 语言结合了 UNIX Shell 和 C 的习惯，是一种面向对象的解释型计算机程序设计语言。1991 年，Python 语言第一版公开发行。

Python 语言具有丰富和强大的库。它常被昵称为"胶水语言"，能够把用其他语言制作的各种模块（尤其是 C/C++）很轻松地连接在一起。常见的一种应用情形是，使用 Python 快速生成程序的原型（有时甚至是程序的最终界面），然后对其中有特别要求的部分，用更合适的语言改写。比如 3D 游戏中的图形渲染模块，性能要求特别高，就可以用 C/C++ 重写，而后封装为 Python 可以调用的扩展类库。需要注意的是，在使用扩展类库时可能需要考虑平台问题，某些库不提供跨平台的实现。

Python 语言的设计具有更强的可读性和更有特色的语法结构。Python 语言是交互式语言，可以在一个提示符后，直接互动执行程序。Python 语言是面向对象语言，一切数据都是对象，提供了面向对象编程语言的所有元素。其语言的特点总结如下：

（1）易于阅读和学习：Python 语言的关键字相对较少，结构简单，语法定义明确，代码定义清晰，学习起来比较容易。阅读一个良好的 Python 语言程序就感觉像是在读英语一样。Python 语言的这种伪代码特质是它最大的优点之一，所以 Python 语言是特别适合初学者的语言。

（2）易于维护：Python 语言的成功在于它的源代码是相当容易维护的。

（3）拥有一个强大的标准库：Python 语言的核心只包含数字、字符串、列表、字典、文件等常见类型和函数，而由 Python 标准库提供了系统管理、网络通信、文本处理、数据库接口、图形系统、XML 处理等额外的功能。在 Python 社区提供了大量的第三方模块，使用方式与标准库类似。它的功能覆盖科学计算、Web 开发、数据库接口、图形系统多个领域。

（4）支持互动模式：互动模式的支持，用户可以从终端输入执行代码并获得结果，这样可以使得用户进行互动的测试和调试代码片段。

（5）可移植性：Python 语言是 FLOSS（自由/开放源码软件）之一。简单地说，用户可以自由地发布这个软件的副本、阅读它的源代码、对它进行改动、把它的一部分用于新的自由软件中。由于它的开源本质，Python 语言已经被移植在许多平台上（经过改动使它能够工作在不同平台上）。如果能避免使用依赖于系统的特性，那么所有 Python 语言程序无须修改就可以在下述任何平台上运行，这些平台包括 Linux、Windows、FreeBSD、Macintosh、Solaris、OS/2、Amiga、AROS、AS/400、BeOS、OS/390、z/OS、Palm OS、QNX、VMS、Psion、Acom RISC OS、VxWorks、PlayStation、Sharp Zaurus、Windows CE 甚至还有 PocketPC、Symbian 以及 Google 基于 Linux 开发的 Android 平台。

（6）可扩展性和可嵌入性：如果需要一段运行很快的关键代码，或者是想要编写一些不愿开放的算法，用户可以使用 C 或 C++ 完成那部分程序，然后从 Python 程序中调用。当然也可以将 Python 语言嵌入到 C/C++ 程序，让程序的用户获得"脚本化"的能力。

（7）方便连接数据库：Python 语言提供所有主要的商业数据库的接口。

（8）支持 GUI 编程：Python 语言支持 GUI（Graphical User Interface，图形用户界面），如 Tkinter、wxPython、Jython 等。

Python 语言既支持面向过程的函数编程也支持面向对象的抽象编程。在面向过程的语言中，程序是由过程或仅仅是可重用代码的函数构建起来的。在面向对象的语言中，程序是由数据和功能组合而成的，由对象构建起来的。与其他主要的语言如 C++ 和 Java 相比，Python 语言以一种非常强大又简单的方式实现面向对象编程。

Python 2 发布于 2000 年底，它包括了更多的程序性功能，如能自动化地管理内存的循环检测垃圾收集器，增加了对 Unicode 的支持以实现字符的标准化，并采用列表综合的方式以在现有列表基础上创建列表。随着 Python 2 的不断发展，更多的功能被添加进来。

Python 3 被视为 Python 的未来，是目前正在开发中的语言版本。作为一项重大改革，Python 3 于 2008 年末发布，以解决和修正以前语言版本的内在设计缺陷。Python 3 开发的重点是清理代码库并删除冗余，清晰地表明只能用一种方式来执行给定的任务。对 Python 3 的主要修改包括将 print 语句更改为内置函数，改进整数分割的方式，并对 Unicode 提供更多的支持。起初，Python 3 的推进很缓慢，因为该语言不能向后兼容 Python 2，这就需要人们决定使用哪个版本的语言。此外，许多封装库只适用于 Python 2，但是由于 Python 3 背后的开发团队重申了终止对 Python 2 的支持，促使更多的库被移植到 Python 3 上来。从对 Python 3 提供支持的 Python 包的数量可以看出，Python 3 已被越来越多的人使用，在撰写本文时，支持它的包就已经包括了 339 个最受欢迎的 Python 包。

1.2 Python语言开发环境

1.2.1 Python 语言的安装和配置

Python 语言是一种跨平台语言，因此在不同操作系统平台安装的方式多少有些不同，本节以 Python 3.6.5 版本为例，介绍在 Windows 下如何使用 Python 语言发布的官方程序安装和配置 Python 环境。具体步骤如下：

（1）Python 语言解释器是一个轻量级的小软件，可以在 Python 语言网站上下载，Python 解释器主网站（https://www.python.org）免费下载页面，如图 1.2 所示。对应计算机的不同操作系统，选择相应的文件下载。Python 语言最新的 3.x 系列解释器会逐步发展，对于初学者，建议采用 3.5 或之后的版本。

图1.2　Python解释器主网站下载页面

（2）在已下载的文件夹中找到 Python 语言安装文件 python-3.6.5.exe，如图 1.3 所示。

图1.3　python-3.6.5安装文件

（3）双击安装文件，弹出图 1.4 所示的安装对话框。选中"Add Python 3.6 to PATH"复选框，单击"Install Now"选项，出现图 1.5 所示的对话框，程序开始自动安装，图中进度条表示程序安装的进度。安装完成后出现成功安装对话框，如图 1.6 所示。初学者可以查看在线指南（Online Tutorial）和文档（Documentation），单击"Close"按钮，结束安装过程。

图1.4　Python安装程序引导过程的启动页面

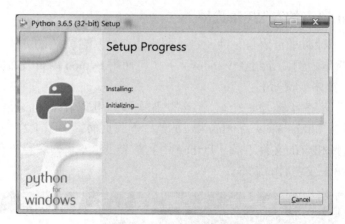

图1.5　Python安装程序页面

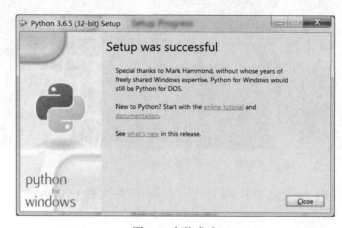

图1.6　安装成功

安装完成后，单击"开始"菜单，在搜索框里输入 cmd，打开 Windows 的 cmd 窗口，随后在命令行输入"python"，出现图 1.7 所示的界面，证明安装成功。

图1.7　Python命令行窗口

1.2.2　Python 运行环境

Python 安装包在系统中安装后，选择"开始"→"所有程序"→"Python 3.6（32-bit）"命令，打开 Python 程序的安装目录，如图 1.8 所示。由 Python 自带的开发环境分别是命令行交互式窗口和 Python 集成开发环境 IDLE（Integrated Development Environment）。Python 3.6（32-bit）命令打开 Python 命令行交互式窗口；IDLE（Python3.6 32-bit）命令打开 Python 集成开发环境；Python 3.6 Manuals（32-bit）命令打开 Python 手册；Python 3.6 Module Docs（32-bit）命令，可以看到本机已安装的各种 Python 包的信息。

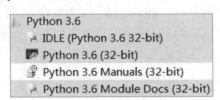

图1.8　Python安装文件目录

1．命令行交互式窗口

命令行交互式是指 Python 解释器即时响应用户输入的每条语句，输出结果。命令行交互式一般用于调试少量代码。在命令行交互式 Python 环境下，编写的代码不能保存到文件中。在命令提示符（>>>）后输入 Python 语句，然后按【Enter】键就可以运行程序代码。

选择"开始"菜单→"所有程序"→ Python 3.6 → Python 3.6（32-bit）命令打开交互式窗口，如图 1.9 所示。窗口上方显示安装程序版本信息，接着提示用户可以进行的其他操作。在提示符后输入如下程序代码：

```
print("Hello Python!")
```

按【Enter】键后显示输出结果"Hello Python！"。

当程序执行完毕之后，显示提示符和光标，等待用户后续操作。

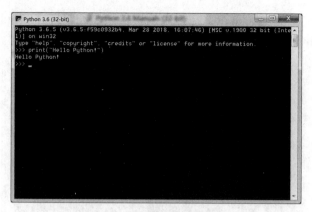

图1.9　Python交互式窗口

2. IDLE 窗口

IDLE 是 Guido 使用 Python 和 Tkinter 创建的一个 IDE，并且是 Python 默认的 IDE。IDLE 提供了一个功能完善的代码编辑器，还提供了一个 Python Shell 解释器和调试器，允许在代码编辑器完成编码后，在 Shell 中实验运行并且用调试器调试。初学者可以利用 IDLE 创建、运行、测试和调试 Python 程序。IDLE 是和 Python 一起安装的。IDLE 是一个简单有效的集成开发环境，无论命令行或文件，都有助于快速编写和调试代码，是小规模 Python 软件项目的主要编写工具。本书所有程序都可以通过 IDLE 编写并运行。IDLE 是 GUI 形式，命令行交互式窗口是命令提示符形式。

IDLE 窗口的使用主要包含以下几方面：

1）Shell 交互式解释器

选择"开始"→"所有程序"→ Python 3.6 → IDLE (Python 3.6 32-bit) 命令，打开图 1.10 所示 IDLE 的 Shell 交互式解释器窗口。窗口中指出了当前运行 Python 的版本信息，">>>"是 Python Shell 的提示符，提示在此输入 Python 语句。

图1.10　IDLE的Shell交互式解释器窗口

同样在提示符后输入如下程序代码。

```
print("Hello Python")
```

按【Enter】键后，在下一行打印输出了字符串 Hello Python，并另起一行显示了提示符，提示可以继续输入。可以看到，在字符串 Hello Python 前没有提示符，这是因为该字符串是解释器产生的。因此，根据是否有提示符，可以分辨出哪些内容是用户输入的，哪些内容是解释器产生的。

与命令行窗口不同的是，IDLE 增加了多个菜单项，如 File、Edit、Shell、Debug、Options、Window 和 Help，分别包含相应的菜单命令。

在交互式运行方式下，IDLE 还提供了很多组合键来帮助用户更方便地编写代码，以节省时间，见表 1.1。

表 1.1　常用的 IDLE 组合键

组合键	功　能
Alt+P	上一条命令
Alt+N	下一条命令
Tab	提供与已输入字母匹配的关键字列表
Ctrl+N	打开一个新的代码编辑器窗口
Ctrl+S	保存当前文件
Ctrl+O	打开一个文件
Ctrl+Z	撤销最后一次操作
F5	运行当前程序
Alt+3	将选中的代码变为注释
Alt+4	将选中的代码取消注释
Ctrl+[	减缩进
Ctrl+]	加缩进
Alt+/	出现过的单词自动补齐，多按几次可以循环选择
F1	获取Python帮助文档

2）代码编辑器

交互式执行程序，一旦执行之后，代码就需要从头开始输入，因此对于较多行代码程序并不适用。要想永久保存代码，需要将代码保存到文件中，这时需要使用 IDLE 的代码编辑器。接下来以 Hello Python 程序为例，说明如何使用 IDLE 的代码编辑器。

（1）新建、运行与保存文件。在 Shell 窗口选择 File → New File（或者按组合键【Ctrl+N】）命令，打开一个新窗口，如图 1.11 所示。这个新窗口不是以命令行方式运行程序，它是一个具备 Python 语法高亮辅助的编辑器，可以进行代码编辑。窗口有 7 个菜单项：File、Edit、Format、Run、Options、Window 和 Help，单击后分别包含相应的子菜单命令。

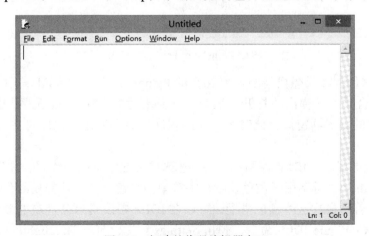

图1.11　新建的代码编辑器窗口

在代码窗口内输入如下程序代码：

```
print("Hello Python")
```

然后选择 File → Save（或者按组合键【Ctrl+S】）命令，弹出"另存为"窗口，选择保存文件的位置，并给文件命名，保存类型为默认的 Python files。此处将程序保存为 hello.py 文件，如图 1.12 所示。

Python 文件的扩展名是 .py。

图1.12 hello.py程序文件

运行程序的方式有两种：一种是在菜单中选择 Run → Run Module 命令，另一种是按【F5】快捷键，根据个人习惯选择不同的运行方式。运行该程序后，弹出 Shell 窗口，程序运行结果显示在 IDLE 窗口中，如图 1.13 所示。此种编辑及运行的方式也称为文件式，本书范例均采用文件式编写和运行。

文件式 Python 程序不需要输入提示符">>>"。

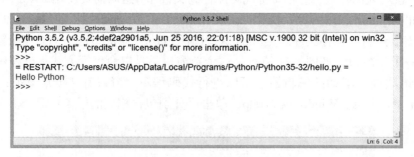

图1.13 hello.py程序运行结果

（2）打开文件。如果想要运行已经存在的 Python 文件，选择 File → Open 命令（或者按【Ctrl+O】组合键），弹出"打开"窗口，找到要运行的 Python 程序，会弹出该程序的 Python 程序代码的编辑器窗口，此时可以修改程序，保存后运行，即可在 Shell 窗口中显示运行结果。

（3）语法高亮显示。IDLE 使用不同的颜色来区分显示不同的代码，称为语法高亮显示。默认情况下，Python 关键字用橘黄色显示，字符串用绿色显示，注释用红色显示，生成的结果用蓝色显示。若不喜欢这些颜色搭配，可以在 IDLE 中设置自己喜欢的颜色，设置方法：选择 Options → Configure IDLE 命令，弹出 Settings 窗口，打开 Highlighting 选项卡，即可进行修改。

通过 Settings 窗口，还可以设置代码窗口字体属性、窗口基本属性等。

（4）获取帮助命令。Python 提供了很多内置函数和模块，要想把这些全部记住显然不是一件简单的事情，因此 IDLE 提供了获取帮助的命令 help()，如图 1.14 所示。

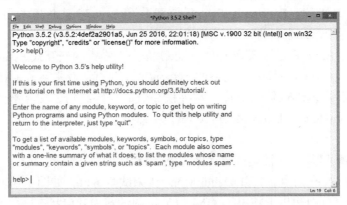

图1.14　help()查询界面

输入 help() 后，会看到图 1.14 所示的一段蓝色文本，告诉用户如何通过 help() 进行查询。在最后一行的 help> 后输入想要查询的内容并按【Enter】键，可以得到帮助。这里以 print 为例，查询结果如图 1.15 所示。

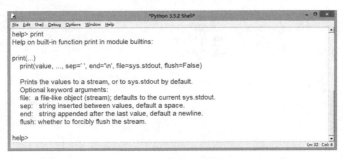

图1.15　print语句解释界面

查询所得内容详细地介绍了 print 语句的使用格式和注意事项以及一些特殊情况。如果英语足够好，help() 命令会是编程的得力助手。当不需要再查询时，输入 quit 即退出查询界面，返回到 Shell 命令输入状态。

查询帮助是直接在 help() 方法的括号中输入参数，如 help('print')，也可以得到 print 语句的使用帮助。

（5）Python 的其他常用 IDE。IDLE 是 Python 软件包自带的一个集成开发环境，对于初学者来说是一个简单易学的首选工具。还有其他的开发环境供程序开发者选择使用，下面简单介绍。

- PyCharm：由著名的 JetBrains 公司开发，具备一般 IDE 的功能，如调试、语法高亮、项目管理、智能提示等，还提供了一些高级的功能，如 Python 重构、集成版本控制、集成单元测试，并且支持 Django 开发，同时支持 Google App 引擎等。
- Vim：Vim 是高级文本编辑器，旨在提供实际的 UNIX 编辑器 Vi 功能，支持更多更完善的特性集。

- Emacs:GNU Emacs 是可扩展、自定义的文本编辑器,它包含更多的功能。Emacs 的核心是 Emacs Lisp 解析器,支持文本编辑,支持 unicode 编码。
- Eclipse+Pydev:就目前而言,Eclipse+Pydev 的组合是最优秀的开源 IDE,但是 Pydev 插件不是免费的。Eclipse 是一个开放源代码的、基于 Java 的可扩展开发平台,Eclipse 结合 Pydev 插件即可进行 Python 项目开发。
- Spyder:Spyder(就是原来著名的 Pydee)是一个强大的交互式 Python 语言开发环境,属于 python(x,y) 的一部分,完整的 python(x,y) 有 400 多兆字节(MB),它集成了科学计算常用的 Python 第三方库。它提供高级的代码编辑、交互测试、调试等特性,支持包括 Windows、Linux 和 OS X 操作系统。

3)调试器

IDLE 提供了调试器,分析被调试的程序,并跟踪程序的执行流程,找出代码中隐藏的错误。选择 Debug → Debugger 命令,打开 Debug Control 调试器窗口,如图 1.16 所示。打开的同时会在 Python Shell 窗口中输出 [DEBUG ON] 以显示调试器为开启状态。关闭调试器和打开调试器的方法相同,再次选择 Debug → Debugger 命令后 Debug Control 调试器窗口就会关闭,同时在 Python Shell 窗口中输出 [DEBUG OFF] 以显示调试器为关闭状态。

从图 1.16 可以看到,窗口左上角有 5 个按钮,此时是灰色,表示不可用状态。当开始运行具体的调试程序时,这些按钮就会变为可用状态。下面分别介绍每个按钮的功能。

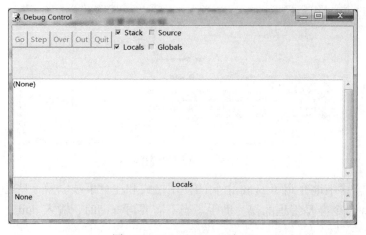

图1.16 Debug Control 窗口

Go:运行程序到下一个断点处停止。断点为暂停的控制点,即程序运行到该断点处会停止运行的控制点。断点可以手动设置,在 Python 代码编辑器中,将光标放置到想要设置断点所在的行尾处右击,选择 Set Breakpoint 命令,该行底色变黄,即表示该行设置了断点。

Step:一步一步逐条执行程序,当遇到函数时会进入函数内部。

Over:如果程序当前运行到的一行要调用函数,单击"Over"按钮会直接运行完整函数,得到函数的结果,不会进入函数内部。

Out:如果当前位于某个函数内部,单击"Out"按钮将会执行完该函数中剩余代码并跳出该函数。

Quit:取消此次调试。

按钮后的 4 个复选框，含义如下：

Stack：显示当前运行状态模块，控制图中白色空白区域的显示，默认选中。

Source：显示源代码模块。在源代码处用灰色背景显示当前运行所在的行。一般情况下可以直接看 Stack 部分，Source 可以不勾选。

Locals：显示局部对象，默认选中。

Globals：显示全局对象。

如果调试到一半想要退出，可单击"Quit"按钮结束调试，而不是直接单击调试器窗口右上角的关闭按钮（×）。

下面举例说明如何使用调试器来调试程序。

（1）在 IDLE 的代码编辑器中编写程序代码并保存为 try.py。

```
1  # 调试器的使用 try.py
2  a=10
3  b=0
4  print(a/b)
```

（2）打开 Debugger：选择 Debug → Debugger 命令，打开 Debug Control 调试器窗口。

（3）运行 try.py 文件，出现图 1.17 所示的窗口。单击"Step"按钮，逐条执行该程序，发现执行到 print(a/b) 时出现错误提示：ZeroDivisionError: division by zero，根据错误提示帮助编程人员修正程序。

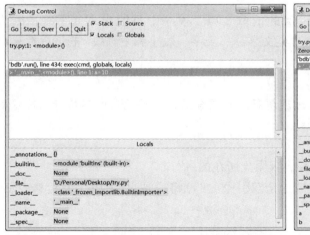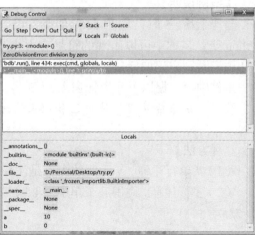

图1.17　Debug Control 调试窗口

1.3　Python语言程序实例

本节提供了几个 Python 小程序，供读者练习，以熟悉 Python 运行环境和掌握 Python 程序的创建和执行过程。

范例 1-1 给定圆的半径,计算圆的面积。

【范例分析】

本例给定圆的半径 $r=10$,计算圆的面积 $s=\pi r^2$,并且将计算结果输出打印。

【范例源代码与注释】(文件名 example1_1.py)

```
1    #给定圆的半径计算圆面积example1_1.py
2    r=10                # 半径 r 的值取 10
3    s=3.14*r*r          # π 的值取 3.14
4    print(s)            # 输出面积 s 的值
```

【程序运行】

按【F5】快捷键运行程序。程序运行结果为 314.0,如图 1.18 所示。可以改变半径 r 的值,得到不同半径对应的面积值。

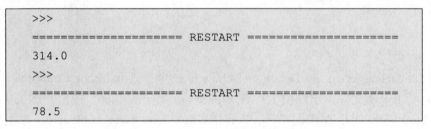

图 1.18　计算圆的面积程序运行结果

【范例说明】

当半径 $r=5$ 时,输出面积值为 78.5。π 的值取 3.14,程序中不能出现 π 字符,因为 Python 变量名称中可以出现的符号有大小写英文字母、汉字、数字和下画线。print() 在输出打印内容时别忘记加括号。

本例中要掌握以下几个知识点:

注释:用来帮助程序员自己和他人快速理解程序代码含义,程序运行时不执行,可以不输入。

注释方法如下:

(1)# 单行注释。# 后面的内容是注释,仅限 # 所在的一行。

(2)多行注释。使用三个单引号(''')或三个双引号(""")将需要注释的内容括起来。如:

```
'''
多行注释
注释内容不被执行
'''
```

在 Python 代码中,乘号(*)不能省略。如数学表达式 b^2-4ac 的 Python 表达式为 b*b-4*a*c。

在 Python 程序代码中,除了汉字之外的字符,全部在英文输入法下输入。

范例 1-2 编写程序,实现将摄氏温度转化为华氏温度。

【范例分析】

设 C 表示摄氏温度,F 表示华氏温度,摄氏温度转换为华氏温度的公式为:$F=C\times 1.8+32$;反之,华氏温度转换为摄氏温度的公式为:$C=(F-32)/1.8$。本例给定 C 的值,利用公式计算

F 的值。

【范例源代码与注释】（文件名 example1_2.py）

```
1   # 摄氏温度转化为华氏温度 example1_2.py
2   C=100                        # 摄氏温度为100度
3   F=C*1.8+32                   # 摄氏温度转华氏温度的计算公式
4   print("摄氏温度 =",C)         # 输出摄氏温度
5   print("华氏温度 =",F)         # 输出华氏温度
```

【程序运行】

按【F5】快捷键运行程序。程序运行结果如图1.19所示。

```
>>>
============================RESTART============================
摄氏温度 = 100
华氏温度 = 212.0
>>>
============================RESTART============================
摄氏温度 = 50
华氏温度 = 122.0
```

图1.19　摄氏温度转华氏温度程序运行结果

【范例说明】

改变摄氏温度 C 的值，计算相应华氏温度，并且输出计算结果。本例第一次运行 C=100，第二次运行 C=50。

范例 1-3　print 方法的简单应用。

【范例分析】

本例说明如何使用 print 方法。

（1）输出字符串。

（2）输出变量的值。

（3）输出文本不换行。

（4）重复输出字符串。

【范例源代码与注释】（文件名 example1_3.py）

```
1   # print 方法的简单应用 example1_3.py
2   print("要输出的文本信息放在英文单引号或双引号中间")
3   a=10                         #a 是变量
4   b=20                         #b 是变量
5   # 多行代码可写在一行上，用分号分隔
6   # a=10;b=20
7   print(100)
8   print(a)                     # 输出 a 的值
9   print("a=",10)
10  print("a=",a)
11  print(a,b)
```

```
12 print("a=",a, "b=",b)
13 print("We love ",end='')        # 连续输出不换行
14 print("Python.")
15 print("Python "*5)               # *5表示输出5遍字符串"Python"
16 print("Python "*a)
```

【程序运行】

按【F5】快捷键运行程序。程序运行结果如图1.20所示。

```
>>>
============================RESTART============================
要输出的文本信息放在英文单引号或双引号中间
100
10
a= 10
a= 10
10 20
a= 10 b= 20
We love Python.
Python Python Python Python Python
Python Python Python Python Python Python Python Python Python Python
```

图1.20 print方法程序运行结果

【范例说明】

print 语句用法小结。
- 可以直接输出字符串和数值类型。
- print 语句英文引号中间的内容原样输出。
- 要输出变量的值不加引号。
- 可以直接输出各种类型变量。
- print 语句总是默认换行的，如何让 print 不换行？ print(s, end = " ")。
- 重复输出字符串。

范例 1-4 利用 print 输出简单图形。

【范例分析】

本例要求输入如下字符图形：第1行2个空格和1个"*"，第2行1个空格和3个"*"，第3行5个"*"，第4行1个空格和3个"*"，第5行2个空格和1个"*"。简单的字符输出用 print() 实现。

【范例源代码与注释】（文件名 example1_4.py）

```
1  # 利用 print 输出简单图形 example1_4.py
```

```
2    print("⌣*")
3    print("⌣***")
4    print("*****")
5    print("⌣***")
6    print("⌣*")
7    # ⌣代表空格
```

【程序运行】

按【F5】快捷键运行程序。程序运行结果如图1.21所示。

```
>>>
==========================RESTART==========================
   *
  ***
 *****
  ***
   *
```

图1.21 print输出简单图形程序运行结果

【范例说明】

本例使用5条print语句输出对应的图形内容，每条print语句执行完毕后自动换行。掌握print方法的扩展应用，可以根据需要输出较复杂的图形，结合第3章的循环结构可以输出更加复杂的图形。

试运行如下程序，查看程序输出结果。程序中第2行为for循环结构，range(1, 11)函数表示循环变量i依次获得数值1~10，注意行末尾必须有冒号":"；第3行为for循环结构的循环体，即被重复执行10遍的代码，第2行与第3行代码的执行结果与第10行print语句（代码第5行到第14行）相同。

```
1   #利用循环结构和print输出更加复杂的图形
2   for i in range(1, 11):    #for 为循环结构
3       print("*"*i)
4   '''   多行注释
5   print("*")
6   print("*"*2)
7   print("*"*3)
8   print("*"*4)
9   print("*"*5)
10  print("*"*6)
11  print("*"*7)
12  print("*"*8)
13  print("*"*9)
14  print("*"*10)
15  '''
```

范例 1-5 给定三角形的三边长，计算三角形面积。

【范例分析】

本例给出三角形的三边长 a、b 和 c，此处假设三边的值满足构成三角形的条件，即任意两边之和都大于第三边，解题步骤。

（1）计算半周长 $s=(a+b+c)/2$。

（2）计算三角形的面积 area=$\sqrt{s\times(s-a)\times(s-b)\times(s-c)}$。

【范例源代码与注释】（文件名 example1_5_1.py 和 example1_5_2.py）

根据求平方根方法的不同有以下两段程序。

（1）利用乘方运算符（**）计算平方根。

```
1   #计算三角形面积 example1_5_1.py
2   a=3
3   b=4
4   c=5
5   # 或 a,b,c=3,4,5    多重赋值
6   s=(a+b+c)/2                              #半周长
7   area= (s*(s-a)*(s-b)*(s-c)) ** (1/2)     #乘方
8   print ("area=" ,area)                    #输出面积 area 的值
```

（2）利用 math 库中的平方根函数 sqrt()。

```
1   #计算三角形面积 example1_5_2.py
2   import math    #引入 math 函数库
3   a,b,c=3,4,5
4   s=(a+b+c)/2
5   area=math.sqrt(s*(s-a)*(s-b)*(s-c))      # sqrt()为开平方函数
6   print ( "area=" ,area)
```

【程序运行】

按【F5】快捷键运行程序。上面给出的两段参考代码都可以实现相同的功能。程序输出计算结果如图 1.22 所示。

```
>>>
============================RESTART============================
area= 6.0
```

图1.22　计算三角形面积程序运行结果

【范例说明】

程序代码根据解题步骤，逐步解决问题。两段代码说明了在解决实际问题时，不同的思路可以有多种不同的程序代码，即同一个问题对应的程序代码不是唯一的。本例中引入了 Python 中计算功能非常强大的 math 库，下面详细介绍 Python 中库的使用。

Python 拥有一个强大的标准库，可以帮助处理各种工作。Python 语言的核心只包含数字、字符串、列表、字典、文件等常见类型和函数，而由 Python 标准库提供了系统管理、网络通信、文本处理、文件处理、数据库接口、图形系统、XML 处理等额外的功能。Python 拥有大量的第三方模块，使用方式与标准库类似。它们的功能无所不包，覆盖科学计算、Web 开发、

数据库接口、图形系统多个领域,并且大多成熟而稳定。借助于拥有基于标准库的大量工具,Python 已成为一种强大的应用于其他语言与工具之间的胶水语言。

引入库函数的方法有两种。

第一种引用库函数的方法如下:

```
import <库名>
```

此时,程序可以调用库名中的所有函数,使用库中函数的格式如下:

```
<库名>.<函数名>(<函数参数>)
```

以下程序段的功能是求 100 的算术平方根并且输出。

```
1   # 库函数的引用方法一
2   import math
3   a=math.sqrt(100)
4   print(a)
```

第二种库函数引用的方法如下:

```
from <库名> import <函数名,函数名,...,函数名>
from <库名> import *
```

其中,*是通配符,表示库中所有函数。

此时,调用该库的函数时不需要使用库名,直接使用如下格式:

```
<函数名>(<函数参数>)
```

采用第二种库函数引用方式求 100 的算术平方根并且输出。代码如下:

```
1   # 库函数的引用方法二
2   from math import sqrt
3   a=sqrt(100)      # 不需要库名
4   print(a)
```

范例 1-6 引入 turtle 库,简单绘图。

【范例分析】

本例引入 turtle 库,学习并利用 turtle 库中的函数,绘制等边三角形。

【范例源代码与注释】(文件名 example1_6.py)

```
1   # turtle 库简单绘图 example1_6.py
2   from turtle import *        # 引入 turtle 库
3   setup(850,450)              # 设置绘图窗口大小
4   pensize(5)                  # 设置画笔大小
5   pencolor("red")             # 设置画笔颜色
6   fd(200)                     # 设置当前方向向前移动的距离
7   left(120)                   # 改变画笔的方向,逆时针旋转 120°
8   fd(200)
9   left(120)
10  fd(200)
```

【程序运行】

按【F5】快捷键运行程序，自动弹出 Python Turtle Graphics 窗口，完成绘图后在 Shell 窗口中给出的提示符。程序运行结果如图 1.23 所示。

【范例说明】

范例中引入了 turtle 库，可以完成很多绘图操作，下面详细讲述 turtle 库。

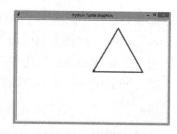

图1.23　绘制等边三角形程序运行结果

turtle 库是 Python 语言中一个很流行的绘制图像的函数库：想象一个小海龟（画笔）在一个横轴为 X、纵轴为 Y 的坐标系中，初始位置在坐标原点（默认在绘图窗口的正中间），小海龟头朝向正东，即画笔方向为 X 轴正方向，其爬行轨迹形成了绘制图形。下面列出了 turtle 库中绘图时常用的命令。

1. 设置画布

画布就是 turtle 的绘图区域。画布的大小和初始位置可以设置，设置的命令有如下 2 个：

- screensize(canvwidth,canvheight,bg)：canvwidth 和 canvheight 分别为画布的宽（单位像素）和高。bg 为画布的背景颜色，字符串形式，如 "blue"、"red"、"green"、"yellow"、"black"、"purle"、"orange"、"gray" 等。示例如下：

```
screensize(800,600,"green")    # 设置画布的宽为 800、高为 600，背景色为绿色
screensize()    # 返回默认大小 (400,300)
```

- setup(width, height[,x,y])：width 和 height 设置绘图窗口的宽度和高度，当输入宽和高为整数时，表示像素；为小数时，表示占据计算机显示器的比例。x 和 y 为绘图窗口左上角顶点的位置，如果为空则表示窗口位于屏幕中心。示例如下：

```
setup(0.6,0.6)                 # 绘图窗口的宽和高是显示器宽和高的 60%
setup(800,800,100,100)         # 绘图窗口宽和高都是 800，左上角坐标为 (100,100)
```

注意区分画布和绘图窗口：画布是绘图区域，有大小和背景色；绘图窗口是查看画布的窗口，可以比画布小，也可以比画布大。

2. 设置画笔属性

- pensize()：设置画笔的宽度（像素），数值型参数。
- speed ()：设置画笔速度，速度范围整数 [0,10]，范围越大移动越快。
- pencolor()：设置画笔颜色，字符串形式。

3. 画笔运动命令

- penup()：抬起画笔，之后移动画笔但不绘制形状，用于另起一处开始绘图。
- pendown()：落下画笔，之后移动画笔将绘制形状。
- fd(distance)：画笔向前移动 distance 像素长度，若 distance 值为负数，则向反方向移动。示例如下：

```
fd(100)      # 向前移动 100
fd(-100)     # 向后移动 100
```

- backward(distance)：画笔向后移动 distance 像素长度。
- goto(x,y)：将画笔移动到坐标为（x,y）的位置。
- home()：设置当前画笔位置为原点，方向向东。
- dot(diameter,color)：绘制一个指定直径和颜色的圆点。
- circle(r[, extent, steps])：r 为要画圆的半径，半径为正表示圆心在画笔的左边，半径为负表示圆心在画笔的右边。extent 为绘制的圆弧弧度。半径为 r 的圆的内切正多边形，多边形边数为 steps。示例如下：

```
circle(50)              # 画半径为 50 的整圆
circle(50,steps=3)      # 画半径为 50 的圆的内切正三角形
circle(120, 180)        # 画半径为 120 的半圆
```

以下程序综合运用了上面介绍的命令，并做了注释，请编写执行，深入理解各个命令的用法。

```
1   from turtle import *              # 引入 turtle 库
2   screensize(400,400,"green")       # 设置画布
3   setup(500,500)                    # 设置窗口
4   pencolor("white")
5   pensize(5)
6   dot(20,"red")                     # 画出原点
7   penup()                           # 抬起画笔
8   goto(-100,-100)                   # 将画笔移动到点 (-100,-100)
9   pendown()                         # 落下画笔继续绘图
10  fd(200)                           # 向前移动 200
11  circle(100,180)                   # 画出半圆
12  backward(-200)                    # 向前移动 200
13  circle(100,180)                   # 再画出半圆
```

程序运行结果如图 1.24 所示。

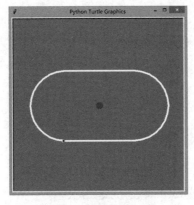

图1.24　程序运行结果

- right(degree)：画笔沿顺时针方向转动 degree 度。
- left(degree)：画笔沿逆时针方向转动 degree 度。

请大家认真阅读下面的代码：判断代码输出何种图形；如果要输出同样的图形，代码可以如何变化？

```
1   from turtle import *        # 引入 turtle 库
2   setup(600,400)              # 设置窗口
3   pencolor("red")
4   pensize(5)
5   penup()                     # 抬起画笔
6   goto(-100,-100)             # 将画笔移动到点 (-100,-100)
7   pendown()                   # 落下画笔继续绘图
8   fd(200)                     # 向前移动 200
9   left(90)                    # 画笔逆时针旋转 90°
10  fd(200)
11  left(90)
12  fd(200)
13  left(90)
14  fd(200)
```

- setx()：将当前 X 轴移动到指定位置。
- sety()：将当前 Y 轴移动到指定位置。

4. 画笔控制命令

- fillcolor(colorstring)：绘制图形的填充颜色。
- color(color1, color2)：同时设置 pencolor=color1，fillcolor=color2。
- begin_fill()：准备开始填充图形。
- end_fill()：填充完成。

思考：利用图形填充颜色的命令，如何实现【范例 1-6】中等边三角形内部填充颜色？部分代码如下：

```
1   fillcolor("green")
2   begin_fill()
3   fd(200)           # 向前移动 200
4   left(120)         # 画笔逆时针旋转 120°
5   fd(200)
6   left(120)
7   fd(200)
8   end_fill()
```

5. 全局控制命令

- clear()：清空 turtle 窗口，但画笔的位置和状态不变。
- reset()：清空窗口，重置 turtle 状态为起始状态。
- undo()：撤销上一个 turtle 动作。
- write(s [,font=("font_name",font_size,"font_type")])：写文本，s 为文本内容。font 是字体的参数，分别为字体名称、大小和类型；font 为可选项，font 参数也是可选项。

绘制线段 AB，标注两点，部分代码如下：

```
1  write("A",font=("Arial",20, "underline"))  #写出A点，字体Arial，字号20，下画线
2  fd(200)
3  write("B",font=("Elephant",20, "italic"))  #写出B点，字体Elephant，字号20，斜体
```

范例 1-7 引入 turtle 库，绘制蟒蛇图形。

【范例分析】

本例引入 turtle 库，综合运用库函数和 for 循环结构，绘制蟒蛇图形。

【范例源代码与注释】（文件名 example1_7.py）

```
1  # 绘制蟒蛇图形 example1_7.py
2  # 【范例1-7】引入turtle库，绘制蟒蛇
3  from turtle import *
4  setup(650, 350, 200, 200)   #设置绘图窗口大小和位置
5  penup()
6  fd(-250)         # 向后移动250
7  pendown()
8  pensize(25)
9  pencolor("purple")
10 right(40)                    #画笔顺时针旋转40°
11 # 绘制蛇身
12 for i in range(4):           #for循环，循环4次，将下面两行代码重复执行4遍
13     circle(40, 80)
14     circle(-40, 80)
15 # 等价于执行8遍 circle(40, 80);circle(-40, 80)
16 circle(40, 80/2)             # 继续绘制圆弧，完善蛇身
17 fd(40)
18 circle(16, 180)              # 蛇头转向
19 fd(40 * 2/3)
20 dot(5,"white")               # 绘制蛇眼
```

【程序运行】

按【F5】快捷键运行程序。程序运行结果如图 1.25 所示。

图1.25　绘制蟒蛇程序运行结果

【范例说明】

绘制蟒蛇的程序较复杂，运用了后续的知识内容，读者可以根据情况学习掌握，或者运行查看结果即可。在本例的学习中，请读者运行程序时改变各 turtle 函数的参数值，如改变蛇身（圆弧）的大小，或蛇身的大小（循环次数），再次运行并查看运行结果，以便加深理解绘制过程和掌握相关的知识点。

课后练习

1. 填空题

（1）Shell 的命令提示符是_____。

（2）在使用 IDLE 时，快捷键_____可以回退到上一条输入的语句，快捷键_____可以移至下一条输入的语句。

（3）查看关键字 if 的使用帮助，应使用命令_____。

（4）运行 Python 文件的方法是_____。

（5）程序语句：s=" 天天向上 "

```
print(" 好好学习，",s)
```

其输出结果是：_____。

2. 选择题

（1）下面不是 Python 注释符号的是（　　）。

    A. #　　　　　B. //　　　　　C. """　　　　　D. '''

（2）Python 程序在保存时，文件扩展名为（　　）。

    A. py　　　　　B. cp　　　　　C. java　　　　　D. vb

3. 编程题

（1）给定长方体的长、宽、高，并计算长方体的体积。

（2）编写程序，实现将华氏温度转化为摄氏温度。

设 C 表示摄氏温度，F 表示华氏温度，则转换公式为：$C=(F-32)/1.8$。

（3）使用 print 方法，输入如下各图形。

① 输出一朵花。

```
{@}
 \|/
  |
  |
```

② 输出 9 朵花。

```
{@}{@}{@}{@}{@}{@}{@}{@}{@}
 \|/ \|/ \|/ \|/ \|/ \|/ \|/ \|/ \|/
  |   |   |   |   |   |   |   |   |
  |   |   |   |   |   |   |   |   |
```

③ 输出"囧"字。

```
**********
*  / \   *
*  #####  *
*  # #   *
*  #####  *
**********
```

（4）引入 turtle 库，绘制如下图形。
① 长方形，自定义长和宽。

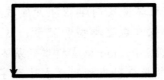

② 五角星。

③ 同心圆。

第 2 章
Python 语言程序设计基础

上一章介绍了 Python 语言编程环境及简单程序开发过程，本章将介绍 Python 语言程序设计基础，主要介绍 Python 语言基本数据类型和变量，这是学习 Python 语言的基础，包括数据类型、表达方式及变量的使用。Python 语言提供的基本数据类型有整数、浮点数、复数和字符串。其中整数、浮点数和复数 3 种类型用于表达数字或数值，也称为数字类型；字符串是字符的序列表示，几乎每个程序都会用到。

本章重点知识

- Python 语言数字类型及其操作
- input() 输入数据方法
- 字符串类型及常用操作
- 格式化输出方法
- 变量的命名规则
- 赋值语句执行过程
- Python 语言各类常用运算符
- 表达式的书写规则

2.1 数字类型

2.1.1 整数

整数类型有 4 种进制表达方式：二进制、八进制、十进制和十六进制。默认情况下整数采用十进制，其他进制需要增加引导符号，即数字 0 和字母（大小写字符均可使用）的组合，详见表 2.1。

表 2.1 整数类型的 4 种进制表示

进制类型	引导符号	描述
二进制	0b 或 0B	由字符 0 和 1 组成，如 0b1011、0B1101
八进制	0o 或 0O	由字符 0~7 组成，如 0o7305、0O1246
十进制	无	由字符 0~9 组成，如 1234、-200
十六进制	0x 或 0X	由字符 0~9 和 A~E 组成，如 0xABC、0X123

Python 语言支持任意长度的整数，占 32 位（4 字节），实际上取值范围受限于运行

Python 语言程序的计算机内存空间。除极大数的运算外，一般认为整数类型没有取值范围限制。

将十进制数转换为其他 3 种进制，转换方法为除 R 求余，例如十进制数 100，转换为二进制、八进制和十六进制的结果分别是 0B1100100、0O144、0X64。

2.1.2 浮点数类型

Python 语言中浮点数类型表示带有小数的数值，要求所有浮点数必须带有小数部分，小数部分可以为 0，这种设计用来区分整数和浮点数。每个浮点数占 64 位（8 字节），可以采用十进制和科学计数法表示。

十进制浮点数，如 3.5、-1.3、19.99、0.0。

科学计数法浮点数，如 1.2e3、3.14E-5、-12.34e20、123.456E-2。

科学计数法使用字母 e 或 E 作为幂的符号，以 10 为基数，含义如下：

$<a>e<b> = a \times 10^b$

数值由一个小数点以及后面的指数组成，指数可正（+）可负（-），正指数的 + 号可省略。

对于高精度科学计算外的绝大部分运算来说，浮点数类型足够"可靠"，一般认为浮点数类型没有范围限制，运算结果准确。

浮点数 0.0 和整数 0 的值相同，在计算机内部表示不同。

科学计数法表示和十进制表示可以相互转化，如 -123.4 的科学计数法表示是 -1.234E+2；反之 5.6E-3 的十进制表示为 0.0056。

2.1.3 复数类型

复数类型表示数学中的复数，在 Python 语言中被定义为 a+bj 的形式，其中 a 和 b 均为浮点数类型，a 为实部，b 为虚部，j（或 J）是虚数单位，如：1.2+4J，-5.6-2.2j。

关于复数的几个规定如下：

（1）复数是由实部和虚部共同组成的。

（2）虚部不能脱离实部而单独存在。

（3）Python 语言中复数的表达形式：real+imagj。

（4）实部和虚部均是浮点数类型。

表 2.2 列举了复数的 3 种属性。

表 2.2 复数的 3 种属性

属　　性	解　　释
n.real	返回复数 n 的实部
n.imag	返回复数 n 的虚部
n.conjugate()	返回复数 n 的共轭复数

已知复数 n=2+3j，复数的属性应用如下：

```
>>> n=2+3j
>>> print (n)
(2+3j)
>>> print (n.real)        # 输出 n 的实部
2.0
```

```
>>> print (n.imag)              #输出n的虚部
3.0
>>> print (n.conjugate())       #输出n的共轭复数
(2-3j)
>>>
```

对于复数 n=2.5E+2-1.2E-3J 的实部和虚部见如下程序：

```
>>> n=2.5E+2-1.2E-3J
>>> n.real
250.0
>>> n.imag
-0.0012
>>>
```

代码中复数 n 的实部和虚部用科学计数法表示，容易判断错误。

2.2 数字类型的操作

2.2.1 内置运算符

Python 语言提供了 9 个基本的数值运算符。这些运算符由 Python 解释器提供，不需要引用标准或第三方函数库，也称为内置运算符，见表 2.3。

表 2.3 内置数值运算符

优先级	表达式	描述	增量赋值运算符
1	a**b	a的b次幂，即ab	a**=b，即a=a**b
2	-a	a的负值	无
3	a*b	a与b之积	a*=b，即a=a*b
3	a/b	a与b之商	a/=b，即a=a/b
3	a%b	a对b求余	a%=b，即a=a%b
3	a//b	a与b之整数商	a//=b，即a=a//b
4	a+b	a与b之和	a+=b，即a=a+b
4	a-b	a与b之差	a-=b，即a=a-b
4	+a	a本身	无

运算符运算的结果可能改变数字类型，运算结果总是向着占用内存空间最大的数据类型转换，具体如下：

整数 → 浮点数 → 复数。

通过下列程序加深对内置数值运算符的理解：

```
>>> 2**3              # 即 2³=8
8
>>> 2**2**3           #** 运算符是右结合，所以 2**2**3 先计算右边的 ** 表达式的值，即 $2^{2^3}$
256
>>> 10/5              # 结果虽然为整数但以浮点数形式输出
```

```
2.0
>>> 15.5/5
3.1
>>> 10//3    # 正数计算整数商时,计算结果取整数部分
3
>>> 10//4
2
>>> 10%3
1
>>> a=5;b=2
>>> a*=b     # 即 a=a*b,先计算 a*b 的值为 10,再将计算结果赋值给变量 a,最终 a=10
>>> a
10
>>> b+=4     # 即 b=b+4,先计算 b+4 的值为 6,再将计算结果赋值给变量 b,最终 b=6
>>> b
6
>>>
```

范例 2-1 输入任意一个正整数 n,判断其奇偶性。

【范例分析】

本例要求用户输入任意一个大于 0 的整数 n,然后判断 n 的奇偶性并且输出判断结果。与以往范例给定数值不同,本例要求输入任意正整数,需要掌握 input() 函数和 eval() 函数的使用。

【范例源代码与注释】(文件名 example2_1.py)

```
1  #判断正整数 n 的奇偶性 example2_1.py
2  n=eval(input("请输入任意正整数: n="))
3  if n%2==0:      # if...else 判断语句,如果 n 是 2 的倍数
4      print(n," 是偶数 ")
5  else:           # 否则,即 n 不是 2 的倍数
6      print(n," 是奇数 ")
```

【程序运行】

按【F5】快捷键运行程序。程序运行结果如下:

```
>>>
============================RESTART============================
请输入任意正整数: n=5
5 是奇数
>>>
============================RESTART============================
请输入任意正整数: n=6
6 是偶数
```

【范例说明】

本例中输入 n=5 时,输出判断结果"5 是奇数",输入 n=6 时,输出判断结果"6 是偶数",

实现了题目要求。本例是求余运算符（%）的拓展应用，若 a%b=0（b 不为 0），则 a 是 b 的倍数。数据输入的灵活使得程序更加合理。

1. input() 函数的使用

input() 是 Python 内置函数，从 IDLE 获得用户的输入，无论用户输入什么内容，input() 函数得到的结果都是字符串类型。格式如下：

```
变量 = input("提示信息")
```

input() 函数使用示例：

```
>>> x=input("x=")
x=123
>>> x
'123'
>>> x+2
Traceback (most recent call last):
  File "<pyshell#3>", line 1, in <module>
    x+2
TypeError: Can't convert 'int' object to str implicitly
>>>
```

范例代码中获得 x 输入的值为字符串 '123'，直接参与算术运算，会出错。解决办法是使用 eval() 函数，转换 x 的类型。

2. eval() 函数的使用

eval() 函数用来执行一个字符串表达式，即将字符串当成有效的表达式来求值并返回计算结果。

例如：

```
>>> a=1
>>> eval("a+1")    #去掉"a+1"的双引号变为 a+1
2
>>> x = 7
>>> eval( '3 * x' )
21
>>> eval('pow(2,2)')
4
>>> eval('2 + 2')
4
>>> n=81
>>> eval("n + 4")
85
>>>
```

范例 2-2 输入任意一个三位数 n，求其各个位的数字和数字之和。

【范例分析】

本例要求用户输入任意一个 100～999 的三位数，赋值给变量 n，然后分别计算出 n 的个位数字、十位数字和百位数字，并且将 3 个数字求和，最后将计算结果输出以验证程序正确性。

【范例源代码与注释】（文件名 example2_2.py）

```
1  # 三位数各个位数字和数字之和 example2_2.py
2  n=eval(input("请输入任意一个三位数：n="))
3  a=n//100              # 百位
4  b=(n%100)//10         # 十位
5  c=n%10                # 个位
6  print(a,b,c,a+b+c)    # 分别输出
```

【程序运行】

按【F5】快捷键运行程序。程序运行结果如下：

```
>>>
==========================RESTART==========================
请输入任意一个三位数：n=123
1 2 3 6
>>>
==========================RESTART==========================
请输入任意一个三位数：n=902
9 0 2 11
```

【范例说明】

本例分别进行了两次数据输入：第一次输入 n=123，输出各个位的数字分别是 1、2 和 3，和为 6；第二次输入 n=902，输出各个位的数字分别是 9、0 和 2，和为 11。本例中得到各个位数字的方法有很多种，如：

（1）a=n//100，b=(n%100)//10，c=n%10；

（2）a=n//100，b=(n-100*a)//10，c=n-100*a-10*b；

（3）a=int(123/100)，int() 取整数函数。

可见方法有很多种，可以根据需要选择。

2.2.2 内置的数值运算函数

表 2.4 列出了 Python 中常用的内置的数值运算函数。[ ] 表示其中的内容可省略。

表 2.4 内置的数值运算函数

函　数	描　述
abs(x)	x的绝对值
pow(x,y)	与x**y相同
round(x[,n])	对x四舍五入，保留n位小数
max(x1,x2,…,xn)	x1,x2,…,xn中的最大值
min(x1,x2,…,xn)	x1,x2,…,xn中的最小值

函数的使用示例如下：

```
>>> abs(-3)
3
>>> abs(3+4j)    # 当abs(x)中的x为复数时，求复数到原点的距离
5.0
>>> pow(2,3)
8
>>> round(5.6)
6
>>> round(10/3,5)
3.33333
>>> max(2,3,1,6,0,9)
9
>>> min(2,3,1,6,0,9)
0
>>>
```

2.2.3 内置的数字类型转换函数

Python 语言中常用的内置数字类型转换函数见表 2.5。

表 2.5　内置的数字类型转换函数

函　　数	描　　述
int(x)	将x转换为整数，x可以是浮点数或数字字符串
float(x)	将x转换为浮点数，x可以是整数或数字字符串，默认保留一位小数
complex(real[,imag])	生成实部为real、虚部为imag的复数，real和imag可以是整数或浮点数

函数的使用示例如下：

```
>>> int(2.1)
2
>>> int("23")    # 只有引号之间是整数的字符串可以转换为整数
23
>>> int("abc")   # 出错，字符串不能转换为整数
Traceback (most recent call last):
  File "<pyshell#9>", line 1, in <module>
    int("abc")
ValueError: invalid literal for int() with base 10: 'abc'
>>> float(5)
5.0
>>> float("12.3")    # 只有引号之间是实数的字符串才可以转换为浮点数
12.3
>>> float("ddf")
Traceback (most recent call last):
  File "<pyshell#12>", line 1, in <module>
    float("ddf")
```

```
ValueError: could not convert string to float: 'ddf'
>>> complex(2,3)    # 生成实部为 2、虚部为 3 的复数
(2+3j)
>>>
```

范例 2-3 模拟竞赛评分：输入某选手的 5 位评委成绩，去掉一个最低分，计算选手的最终得分。

【范例分析】

本例要求用户输入任意 5 个数值变量的值，0 ~ 100，分别作为 5 位评委的评分，求出其中的最低分数，以计算选手的最终得分（平均分）。

【范例源代码与注释】（文件名 example2_3.py）

```
1  # 模拟竞赛评分 example2_3.py
2  n1=eval(input("请输入第 1 位评委的分数：n1="))
3  n2=eval(input("请输入第 2 位评委的分数：n2="))
4  n3=eval(input("请输入第 3 位评委的分数：n3="))
5  n4=eval(input("请输入第 4 位评委的分数：n4="))
6  n5=eval(input("请输入第 5 位评委的分数：n5="))
7  b=min(n1,n2,n3,n4,n5)   # 得到最低分
8  s=n1+n2+n2+n4+n5-b
9  print("选手的最终得分是：",s/4)
```

【程序运行】

按【F5】快捷键运行程序。程序运行结果如下：

```
>>>
============================RESTART============================
请输入第 1 位评委的分数：n1=90
请输入第 2 位评委的分数：n2=89
请输入第 3 位评委的分数：n3=93
请输入第 4 位评委的分数：n4=94
请输入第 5 位评委的分数：n5=90
选手的最终得分是： 90.75
```

【范例说明】

本例需要输入 5 位评委成绩，在后续章节中可以用循环结构实现。利用 min() 函数得到最低分，将总分减去最低分，计算得到最终平均值。本例说明若熟练掌握常用函数的使用，在解决问题时会更加方便。

2.2.4 math 库

除了内置的各数字类型函数外，强大的 math 库也实现了对浮点数的数学运算函数。这些函数一般是对平台 C 库中同名函数的简单封装，所以在一般情况下，不同平台计算的结果可能也会有所不同。表 2.6 列出了部分 math 库常用函数。

表 2.6 math 库常用函数

函　　数	说　　明
e	自然常数e
pi	圆周率π
degrees(x)	将x从弧度转换成角度
radians(x)	将x从角度转换成弧度
exp(x)	返回e的x次方
pow(x, y)	返回x的y次方，即 x^y
sqrt(x)	返回x的平方根
ceil(x)	返回不小于x的整数
floor(x)	返回不大于x的整数
trunc(x)	返回x的整数部分
fabs(x)	返回x的绝对值
fmod(x, y)	返回x%y（取余）
fsum([x, y, ...])	返回多个数据无损精度的和
factorial(x)	返回x的阶乘，x为非负整数
sin(x)	返回弧度x的三角正弦值
cos(x)	返回弧度x的三角余弦值
tan(x)	返回弧度x的三角正切值
log(x[, base])	返回x的以base为底的对数，base默认为e
log10(x)	返回x的以10为底的对数

部分函数具体使用示例如下：

```
>>> import math
>>> math.e; math.pi    # 出入常数e、p 的值
2.718281828459045
3.141592653589793
>>> math.ceil(3.5); math.floor(3.5)
4
3
>>> math.trunc(-3.6)    # 获得-3.6的整数部分
-3
>>> math.degrees(math.pi); math.radians(45)
180.0
0.7853981633974483
>>> math.exp(2)
7.38905609893065
>>> math.log(math.e); math.log(2, 10); math.log10(2)
1.0
0.30102999566398114
0.30102999566398114
>>> math.pow(5,3)
125.0
>>> math.sqrt(3)
```

```
1.7320508075688772
>>> math.fabs(-5)
5.0
>>> math.fmod(5,2); math.fmod(-10,3)
1.0
-1.0
>>> math.factorial(5)              # 求 5 的阶乘，使用非常方便
120
>>> math.sin(math.radians(30))     # 函数组合使用更加方便
0.4999999999999994
```

在 Python 语言中，浮点数运算经常会碰到如下情况：

```
>>> 0.1+0.2+0.3
0.6000000000000001
>>> math.fsum([0.1, 0.2, 0.3])
0.6
```

出现上面的情况，主要是因浮点数在计算机中是以二进制形式保存的，有些数据不精确。如 0.1 十进制转化为二进制后是个无限循环的数，即

0.000110011001100110011001100110011001100110011001100110011001100…

而 Python 语言是以双精度（64 位）保存浮点数，多余的位会被截掉，所以看到的是 0.1，但在计算机中实际保存的已不是精确的 0.1，参与运算后，也就有可能产生误差。

范例 2-4 输入任意正整数 n，求 $n!$ 并输出计算结果。

【范例分析】

输入任意一个正整数，并且赋值给变量 n，利用 math 库中 factorial() 函数可以非常便捷地计算出阶乘结果。

【范例源代码与注释】（文件名 example2_4.py）

```
1  # 计算 n 的阶乘 example2_4.py
2  import math
3  n=eval(input("请输入正整数: n="))
4  s=math.factorial(n)
5  print(n,"!= ",s)
```

【程序运行】

按【F5】快捷键运行程序。程序运行结果如下：

```
>>>
==========================RESTART==========================
请输入正整数: n=10
10!=3628800
>>>
==========================RESTART==========================
请输入正整数: n=100
100!=93326215443944152681699238856266700490715968264381621468592963895217599993 229
91560894146397615651828625369792082722375825118521091686400000000000000000000000
```

【范例说明】

引用 math 数学库后，利用 factorial() 函数可以实现阶乘的计算。例题中分别输入了数字 10 和 100，并计算其相应的阶乘，当数值非常大时，显示多行计算结果。

2.3 字符串类型及操作

2.3.1 字符串类型

字符串（String）是由一个或多个字符连接起来的序列，英文字符和中文字符都算作一个字符。字符串是 Python 语言中最基本的数据类型之一。Python 语言中规定，存在于一对单引号（' '）、双引号（" "）或三引号（""" """）中的零个或多个字符即为字符串。引号是英文输入法输入的符号。单引号与双引号用来表示单行字符串，作用相同。三引号用来表示多行字符串。3 种表示方法如下：

（1）单引号字符串：'单行字符串'，'可将"双引号"作为字符串的一部分'。
（2）双引号字符串："单行字符串"，"可将'单引号'作为字符串的一部分"。
（3）三引号字符串：""" 三引号中可以使用
　　　　　　　　　'单引号'或"双引号"作为字符串的一部分，
　　　　　　　　　也可以换行"""。

字符串是字符的序列，可以按照单个字符或字符片段进行索引。字符串包括两种序号体系：正向递增序号和反向递减序号，如图 2.1 所示。

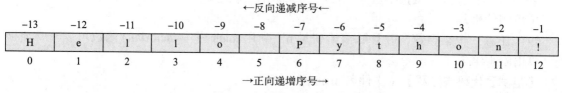

图2.1　字符串两种序号体系

如果字符串长度为 L，正向递增左侧第一个字符序号为 0，向左依次递增，最后一个字符序号为 L–1；反向递减右侧第一个字符序号为 –1，向右依次递减，左侧第一个字符序号为 –L。两种索引方式可以同时使用。

Python 语言字符也提供了区间访问方式，采用 [M:N] 格式，表示字符串中从索引为 M 到 N（不包含 N，即 N 取不到）的子字符串，两种索引方式可以同时使用。如果省略 M，默认为左侧第一个字符的索引，即 0 或 –L；如果省略 N，默认为右侧第一个字符的索引，即 –1 或 L–1。以下程序给出了字符串各种访问示例。

```
>>> s = "Hello Python!"
>>> s[1]          # 取正向索引为 1 的字符
'e'
>>> s[:-2]        # 取正向索引默认为 0 的字符到反向索引为 -2 的子字符串
'Hello Python'
>>> s[-1]         # 取反向索引为 -1 的字符
'!'
```

```
>>> s[-4:]        #取反向索引为-4字符到字符串末尾（正向）的子字符串
'hon!'
>>> s[2:5]        #取正向索引为2的字符到正向索引为5的子字符串
'llo'
>>> s[1:-2]       #取正向索引为1的字符到反向索引为-2的子字符串
'ello Pytho'
>>> s[-4:-1]      #取反向索引为-1的字符到反向索引为-1的子字符串
'hon'
>>> s[:]          #默认取全部字符
'Hello Python!'
>>>
```

如果字符串本身包含换行符、退格键等特殊符号，就需要引入一个新的特殊符号：转义字符（\），在字符串中表示转义，即组成新的含义。表2.7列出部分转义字符。

表2.7 转义字符

转义字符	解 释
\n	相当于换行符
\\	相当于\字符本身
\	在行尾时，相当于续行符
\'	相当于一个单引号字符
\"	相当于一个双引号字符
\a	相当于响铃
\b	相当于退格键（Backspace）
\v	相当于纵向制表符
\t	相当于横向制表符
\r	相当于回车
\f	相当于换页

以下程序给出部分转义字符的使用：

```
>>> print("A\tB\tC\n\'\t\"\t\\")
A    B    C
'    "    \
>>>
```

2.3.2 内置字符串运算符

Python语言提供了丰富的内置字符串运算符，见表2.8。

表2.8 内置字符串运算符

操 作 符	描 述
+	字符串连接
*	重复输出字符串
[]	通过索引获取字符串中一个字符
[:]	截取字符串中的子字符串
[m::n]	从索引为m的字符开始，以n-1为步长，获得若干字符组成的子字符串
in	成员运算符，如果字符串中包含给定的字符返回True，否则返回False
not in	成员运算符，如果字符串中不包含给定的字符返回True，否则返回False

以下程序给出了字符串运算符的使用方法:

```
>>> a='Hello'
>>> b='Python'
>>> c=a + b        #字符串连接
>>> c
'HelloPython'
>>> a * 2          #重复输出字符串
'HelloHello'
>>> c[1::2]        #步长为正，正向取字符
'elPto'
>>> c[::-1]        #步长为负，反向取字符，此处默认索引值-1
'nohtyPolleH'
>>> c[6::-2]
'yolH'
>>> "H" in a       #判断字母H是否在字符串a中
True
>>> "M" not in a   #判断字母M是否不在字符串a中
True
>>>
```

2.3.3 内置字符串处理函数

Python 解释器提供了多个内置字符串处理函数，见表 2.9。

表 2.9 内置字符串处理函数

函 数	描 述
len(s)	返回s的长度，s可以为字符串、元组或列表
str(s)	返回任意类型s对应的字符串形式
chr(s)	返回s对应的单个字符，s为Unicode编码
ord(s)	返回单个字符s对应的Unicode编码
bin(s)	返回整数s对应的二进制数的字符串
hex(s)	返回整数s对应的十六进制数的字符串
oct(s)	返回整数s对应的八进制数的字符串

len(s) 返回字符串 s 的长度，Python 3 以 Unicode 字符为计数单位，因此，字符串中英文字符和中文字符都是 1 个长度单位。

内置字符串处理函数示例如下:

```
>>> len("Hello")    #求字符串"Hello"的长度
5
>>> str(123)        #将整数123转换为字符串形式输出
'123'
>>> chr(65)         #返回Unicode编码为65的字符
'A'
>>> ord("a")        #返回字符a对应的Unicode编码
97
```

```
>>> bin(100)          # 返回 100 对应的二进制数的字符串
'0b1100100'
>>>hex(100)           # 返回 100 对应的十六进制数的字符串
'0x64'
>>> oct(100)          # 返回 64 对应的八进制数的字符串
'0o144'
>>>
```

每个字符在计算机中可以表示为一个数字,称为编码。字符串以编码序列方式存储在计算机中。目前,计算机系统中使用的一个重要编码是 ASCII 编码,该编码用数字 0 ~ 127 表示计算机键盘上的常见字符以及一些被称为控制代码的特殊值。例如,大写字母 A ~ Z 用 65 ~ 90 表示,小写字母 a ~ z 用 97 ~ 122 表示,数字 0 ~ 9 用 48 ~ 57 表示。

ASCII 编码针对英文字符设计,没有覆盖其他语言的字符,因此现代计算机系统正逐步支持一个更大的编码标准 Unicode,它几乎支持所有书写语言的字符。Unicode 码也是一种国际标准编码,采用两个字节编码,与 ASCII 码不兼容。Python 中每个字符都使用 Unicode 编码表示,Unicode 编码的取值范围是 0~1114111(即十六进制数 0x10FFFF)。chr(s) 和 ord(s) 用于单个字符和 Unicode 编码值之间进行转换。代码如下:

```
>>> '1+1=2' +chr(10004)   # 连接字符串 '1+1=2' 和 Unicode 编码为 10004 的字符
'1+1=2✔'
>>> '金牛座字符♉的Unicode值是:'+str(ord('♉'))   # 将字符 '♉' 对应的 Unicode 编
                                            # 码转换为字符后再进行字符串连接
'金牛座字符♉的Unicode值是:9801'
>>>
```

下面给出一段程序,请以文件方式执行,查看执行结果。

```
for i in range(0 , 1114112):        # 循环结构
        print(chr(i),end=" ")
```

2.3.4 常用内置字符串处理方法

在 Python 解释器内部,所有的数据类型都采用面向对象的方式实现,并封装为一个类。字符串也是一个类,具有 <a>.<b>() 形式的字符串处理函数。在面向对象中,这类函数被称为"方法"。字符串类型共包含 43 个内置方法,鉴于部分方法并不常用,本书仅介绍其中常用的方法,见表 2.10。

表 2.10 常用的内置字符串处理方法

方法	描述
s.lower()	将s中全部字母小写
s.upper()	将s中全部字母大写
s.isnumeric()	若s中所有字符都是数字时返回True,否则返回Flase
s.split(c)	将s按字符c进行分隔,返回一个列表list
s.count(sub)	返回s中sub子串出现的次数
s.replace(old,new)	将s中所有的old子字符串替换为new子字符串
s.format()	返回s的排版格式
s.join(list)	返回一个新的字符串,由组合数据类型列表list变量的每个元素组成,元素间用s分隔

以下程序段举例说明字符串方法的使用：

```
>>> "aaa".upper()                      # 字符串"aaa"中全部字母大写
'AAA'
>>> "aaBBccDD123_汉字".lower()# 字符串" aaBBccDD123_汉字"中全部字母小写
'aabbccdd123_汉字'
>>> "123abc".isnumeric()               # 判断字符串"123abc"中所有字符是否都是数字
False
>>> s="a s d g"
>>> s.split(" ")                       # 字符串s以空格" "分隔，得到列表
['a', 's', 'd', 'g']
>>> "ab12abcdab++".count("ab")         # 返回字符串中"ab"子串出现的次数
3
>>> "ab12abcdab++".replace("ab","")    # 字符串中所有的"ab"子字符串替换为空
'12cd++'
>>> xlist=['ab','12','cd','++']        # 定义列表xlist
>>> "  ".join(xlist)    # 列表xlist的每个元素用包含两个空格的字符串"  "分隔得到一个
                        # 新的字符串
'ab  12  cd  ++'
>>>
```

2.4 格式化输出

本节将详细讲解格式化输出的两种方法：百分号（%）和 format() 方法。

1. 百分号（%）的使用

Python 语言中用 % 代表格式符，表示格式化操作。

（1）整数的输出

整数的输出包括 %o 八进制、%d 十进制、%x 十六进制，示例如下：

```
>>> print('%o' % 20)    # 八进制形式输出整数20
24
>>> print('%d' % 20)    # 十进制形式输出整数20
20
>>> print('%x' % 20)    # 十六进制形式输出整数20
14
>>>
```

（2）浮点数输出

%f ——默认保留小数点后面 6 位有效数字。

　　　%.3f，保留 3 位小数位。

%e ——保留小数点后面 6 位有效数字，指数形式输出。

　　　%.3e，保留 3 位小数位，使用科学计数法。

　　　%g ——在保证 6 位有效数字的前提下，使用小数方式，否则使用科学计数法。

%.3g，保留 3 位有效数字，使用小数或科学计数法。

示例如下：

```
>>> print('%f' % 1.11)              # 默认保留 6 位小数
1.110000
>>> print('%.1f' % 1.11)            # 取 1 位小数
1.1
>>> print('%e' % 1.11)              # 默认 6 位小数，用科学计数法
1.110000e+00
>>> print('%.3e' % 1.11)            # 取 3 位小数，用科学计数法
1.110e+00
>>> print('%g' % 1111.1111)         # 默认 6 位有效数字
1111.11
>>> print('%.7g' % 1111.1111)       # 取 7 位有效数字
1111.111
>>> print('%.2g' % 1111.1111)       # 取 2 位有效数字，自动转换为科学计数法
1.1e+03
>>>
```

（3）字符串输出

%s ——输出字符串。

%10s ——右对齐，占位符 10 位。

%-10s ——左对齐，占位符 10 位。

%.2s ——截取 2 位字符串。

%10.2s ——10 位占位符，截取两位字符串。

示例如下：

```
>>> print('%s' % 'hello world')         # 字符串输出
hello world
>>> print('%20s' % 'hello world')       # 右对齐，取 20 位，不够则补位
         hello world
>>> print('%-20s' % 'hello world')      # 左对齐，取 20 位，不够则补位
hello world
>>> print('%.2s' % 'hello world')       # 取 2 位
he
>>> print('%10.2s' % 'hello world')     # 右对齐，取 2 位
        he
>>> print('%-10.2s' % 'hello world')    # 左对齐，取 2 位
he
```

（4）其他

可使用的其他字符格式串如下：

%r，获取传入对象的 _repr_ 方法的返回值，并将其格式化到指定位置。

%c，整数：将数字转换成其 Unicode 对应的值，十进制范围为 0 <= i <= 1114111（py27 则只支持 0 ~ 255）；字符：将字符添加到指定位置。

%o，将整数转换成八进制表示，并将其格式化到指定位置。

%x 或 %X，将整数转换成十六进制表示，并将其格式化到指定位置。

%d，将整数、浮点数转换成十进制表示，并将其格式化到指定位置。

%e 或 %E，将整数、浮点数转换成科学计数法，并将其格式化到指定位置（大小写）。

%f 或 %F，将整数、浮点数转换成浮点数表示，并将其格式化到指定位置（默认保留小数点后 6 位）。

%g，自动调整，将整数、浮点数转换成浮点型或科学计数法表示（超过 6 位数用科学计数法），并将其格式化到指定位置（如果是科学计数则是 e）。

%G，自动调整，将整数、浮点数转换成浮点型或科学计数法表示（超过 6 位数用科学计数法），并将其格式化到指定位置（如果是科学计数则是 E）。

%，当字符串中存在格式化标志时，需要用 %% 表示一个百分号。注：Python 中百分号格式化是不存在自动将整数转换成二进制表示的方式。

2. format() 方法

相对基本格式化输出采用 % 的方法，format() 方法的功能更强大，这表现在其独有的可以自定义字符填充空白、字符串居中显示、转换二进制、整数自动分割、百分比显示等功能上。

（1）带数字编号表示格式槽序号，通过位置来匹配参数。

示例如下：

```
>>> '{0}, {1}, {2}'.format('a', 'b', 'c')
'a, b, c'
>>> '{}, {}, {}'.format('a', 'b', 'c')          # 3.1+ 版本支持
'a, b, c'
>>> '{2}, {1}, {0}'.format('a', 'b', 'c')
'c, b, a'
>>> '{2}, {1}, {0}'.format(*'abc')              # 可打乱顺序
'c, b, a'
>>> '{0}{1}{0}'.format('abra', 'cad')           # 可重复
'abracadabra'
>>>
```

（2）每个格式槽具体的格式如下。

{槽序号:[填充][对齐][#][宽度][,][.精度][类型]}

[填充]：可选，用于空白处填充的字符。

[对齐]：可选，对齐方式（需配合宽度使用）

    <，内容左对齐

    >，内容右对齐（默认）

    ^，内容居中

[#]：可选，对于二进制、八进制、十六进制，如果加上 #，会显示 0b/0o/0x，否则不显示。

[宽度]：可选，格式槽设定的输出宽度。

[,]：可选，为整数或浮点数数字添加千位分隔符，如 1 000 000。

[.精度]：可选，浮点数小数位保留精度或字符串的最大输出长度。

[类型]：可选，格式化类型。
字符串类型：
s：格式化字符串类型数据。
整数类型：
b：将十进制整数自动转换成二进制整数表示然后格式化。
c：将十进制整数自动转换为其对应的 unicode 字符。
d：十进制整数。
o：将十进制整数自动转换成八进制整数表示然后格式化。
x：将十进制整数自动转换成十六进制整数表示然后格式化（小写 x）。
X：将十进制整数自动转换成十六进制整数表示然后格式化（大写 X）。
浮点型或小数类型：
e：转换为科学计数法（小写 e）表示，然后格式化。
E：转换为科学计数法（大写 E）表示，然后格式化。
f 或 F：转换为浮点型（默认小数点后保留 6 位）表示，然后格式化。
g：自动在 e 和 f 中切换。
G：自动在 E 和 F 中切换。
%：显示百分比（默认显示小数点后 6 位），值后面会有一个百分号。
示例如下：

```
>>> print('{0:b}'.format(3))
11
>>> print('{:c}'.format(65))
A
>>> print('{:d}'.format(20))
20
>>> print('{:o}'.format(20))
24
>>> print('{:x}'.format(20))
14
>>> print('{:e}'.format(20))
2.000000e+01
>>> print('{:g}'.format(20.1))
20.1
>>> print('{:f}'.format(20))
20.000000
>>> print('{:%}'.format(20))
2000.000000%
>>>
```

范例 2-5 句子反转。

【范例分析】

本例要求用户输入任意句子，如"Hello everyone! Welcome to Python world."，然后将句

子反向输出,即"world. Python to Welcome everyone! Hello"。

【范例源代码与注释】(文件名 example2_5.py)

```
1    # 句子反转 example2_5.py
2    s=input("请输入句子: ")
3    a=s.split(' ')          # 以空格分隔句子
4    b= a[::-1]              # 将列表 a 的元素反向连接
5    print(' '.join(b))      # 再用空格连接各字符串组成反转句子
```

【程序运行】

按【F5】快捷键运行程序。程序运行结果如下:

```
>>>
============================RESTART============================
请输入句子: Hello everyone! Welcome to Python world.
world. Python to Welcome everyone! Hello
```

【范例说明】

本例首先通过 input() 函数输入的字符串 s,用空格键分隔句子的各个词语,将各个词语构成新的列表 a,当处理 a[::-1] 的计算时,可以假设 a 是字符串(列表内容详见后续章节),即将 a 中元素从后向前反向取出并连接之后赋值给列表变量 b,最后一步通过 join() 函数,再将 b 中字符串以空格为分隔符号连接输出。

2.5 变量

与数学概念相似,Python 语言程序采用变量来保存和表示具体的数据值,变量即值可以发生变化的量。

为了更好地使用变量,需要给其关联一个标识符(名字),关联标识符的过程为命名。给变量命名之后,可以通过名字获得变量的值。命名保证程序元素的唯一性。Python 语言中变量命名规则如下:

(1)变量名包括大小写字母、数字、下画线(_)和汉字 4 类字符。

(2)变量名不能以数字开头,例如,name1 是合法变量名,而 1name 就不可以。

(3)系统关键字不能做变量名使用。

(4)区分大小写,例如,name 和 Name 就是两个变量名,而非相同变量。

一般来说,程序员可以给变量选择任意符合命名规则的名字,但这些名字不能与 Python 语言关键字相同。关键字也称保留字,指编程语言内部定义并保留使用的名称。程序员编写程序时,不能定义与关键字相同的名字。Python3.x 版本中共有 33 个关键字,见表 2.11。关键字也区分大小写,如 for 是关键字,而 For 则不是;关键字 False 和 True 都是首字符大写,true 和 false 则不是关键字。

表 2.11　Python 3 的 33 个关键字

and	continue	except	global	lambda	pass	with
as	def	False	if	None	raise	yield
assert	del	finally	import	nonlocal	True	return
break	elif	for	in	not	try	—
class	else	from	is	or	while	—

在 Python 语言中，变量是没有类型的，这和以往看到的大部分编辑语言都不一样。在使用变量的时候，不需要提前声明，只需要给这个变量赋值即可，变量在赋值的同时确定了变量类型。如果只写一个变量名而没有赋值，那么 Python 语言认为这个变量没有定义。在 Python 语言中，使用"="即赋值符号，给变量赋值。具体用法如下：

```
>>> x=5            # 把整型 5 赋值给变量 x，即执行赋值操作，用等号来连接变量名和值
>>> y=x+5          # 将 x+5 的结算结果赋值给变量 y
>>> print(y)
10
>>> b              # 变量只有被创建并且赋值之后才能使用，否则会引发错误
Traceback (most recent call last):
  File "<pyshell#2>", line 1, in <module>
    b
NameError: name 'b' is not defined
```

2.6　赋值语句

（1）在 Python 语言中，赋值语句的基本形式是：变量 = 值，等号右边可以是整数、浮点数、复数和字符串等，赋值语句的执行过程是将等号右边的值计算出来赋值给等号左边的变量。

```
>>> x=5
>>> x=x*2    # 先计算等号右边表达式的值，再赋值给等号左边的变量
>>> x
10
>>>
```

（2）2.2.1 节中提过的表 2.3 中部分运算操作符号兼有增量赋值运算符，是简化的赋值方式，将等号和运算符号写在一起，使得代码更加紧凑，提高了代码的可读性。

（3）Python 语言中可以一次给多个变量进行赋值，即多重赋值。多重赋值减少了代码的行数，提高了代码的质量和可读性。

如：a=b=c=1

将整数 1 赋值给变量 a、b、c，这种赋值方式也称链式赋值。

（4）同步赋值可以同时给多个变量分别赋值，如下段程序：

```
>>> x,y,z=2,'Python',3.14     # 给变量 x、y、z 分别赋值
>>> print(x,y,z)
2 Python 3.14
```

```
>>>
```

同步赋值并非简单地将多个赋值语句进行组合，因为 Python 在处理同步赋值时首先计算右侧的表达式的值，然后同时将表达式的结果赋值给左侧变量。

（5）赋值语句没有返回值，如下段程序：

```
>>> x=1
>>> print(x=1)
Traceback (most recent call last):
  File "<pyshell#1>", line 1, in <module>
    print(x=1)
TypeError: 'x' is an invalid keyword argument for this function
>>>
```

范例 2-6 交换两个变量的值。

【范例分析】

本例要求用户输入任意两个变量的值，然后交换两个变量的值，并将交换前后的结果分别输出。

【范例源代码与注释】（文件名 example2_6.py）

```
1   # 交换两个变量的值 example2_6.py
2   a=input("请输入 a=")
3   b=input("请输入 b=")
4   print("交换前 a=",a," b=",b)
5   t=a
6   a=b
7   b=t
8   # 此处 3 行代码可写在 1 行内，如：t=a;a=b;b=t
9   # 或利用同步赋值 a,b=b,a
10  print("交换后 a=",a," b=",b)
```

【程序运行】

按【F5】快捷键运行程序。程序运行结果如下：

```
>>>
============================RESTART============================
请输入 a=24
请输入 b=100
交换前 a= 24  b= 100
交换后 a= 100  b= 24
>>>
```

【范例说明】

本例中为了实现变量值的交换，引入了第 3 个变量 t 作为中间变量，类似问题：交换一瓶醋和一瓶可乐中的液体，需要第 3 个变量来保存数据。当然利用 Python 的同步赋值功能，可以非常简单地实现交换。

本例中实现两个变量值的交换，输入任意数据均可，因为变量 a 和 b 的值通过 input() 函数输入得到，默认类型为字符串，程序其实是将两个字符进行互换。

2.7 运算符和表达式

本节将学习 Python 语言各类常用运算符。

2.7.1 运算符

1. 算术运算符

算术运算符是用来处理四则运算的符号，它是最简单，也最常用的符号，尤其是数字的处理，几乎都会使用到算术运算符号，表 2.12 列出了 Python 语言中的算术运算符，与表 2.3 内置数值运算符相同，此处不再赘述。

表 2.12 算术运算符

运算符	描述
+	两个变量相加
-	两个变量相减
*	两个变量相乘或是返回一个被重复若干次的字符串
/	两个变量相除
%	取模，返回除法的余数
**	幂，返回a的b次幂
//	取整除，返回商的整数部分

2. 比较运算符

比较运算符是指可以使用表 2.13 中的运算符比较两个值。当用运算符比较两个值时，结果是一个逻辑值，不是 True（成立）就是 False（不成立）。

表 2.13 比较运算符

运算符	描述
==	等于，比较对象是否相等
!=	不等于，比较两个对象是否不相等
>	大于，返回a是否大于b
<	小于，返回a是否小于b
>=	大于等于，返回a是否大于等于b
<=	小于等于，返回a是否小于等于b

以下程序给出比较运算符具体用法示例。

```
>>> a=10
>>> b=20    #给变量a、b赋值
>>> a==b    #判断a和b是否相等
False
>>> a!=b    #判断a和b是否不相等
True
>>> a>b
```

```
False
>>> a<b
True
>>> a>=b    #判断a是否大于等于b
False
>>> a<=b
True
>>>
```

范例 2-7 输入任意一个正整数,判断其是否是完全平方数。

【范例分析】

若一个数能表示成某个整数的平方的形式,则称这个数为完全平方数,完全平方数是非负数。本例要求用户输入任意一个正整数,然后判断其是否是某个整数的平方,并将判断结果输出。

【范例源代码与注释】(文件名 example2_7.py)

```
1   # 完全平方数的判断 example2_7.py
2   a=eval(input("请输入任意正整数:a="))
3   x=int(a**0.5)           #求a的平方数并取整数
4   if x**2==a:             #if语句判断
5       print(a,"是完全平方数")
6   if x**2!=a:
7       print(a,"不是完全平方数")
```

【程序运行】

按【F5】快捷键运行程序。程序运行结果如下:

```
>>>
============================RESTART============================
请输入任意正整数:a=9
9 是完全平方数
>>>
============================RESTART============================
请输入任意正整数:a=8
8 不是完全平方数
```

【范例说明】

本例为了验证程序的正确性,先后输入正整数9和8,进行计算和判断,分别得到"9是完全平方数"和"8不是完全平方数",都给出了正确的判断结果。在if语句中,如果条件"x**2==a"成立,则执行输出是完全平方数;如果条件"x**2!=a"成立,则执行输出不是完全平方数。

3. 赋值运算符

常见的赋值运算符见表2.14。

表 2.14 赋值运算符

运算符	描述	实例
=	简单的赋值运算符	c = a + b 将 a + b 的运算结果赋值为 c
+=	加法赋值运算符	c += a 等效于 c = c + a
-=	减法赋值运算符	c -= a 等效于 c = c - a
*=	乘法赋值运算符	c *= a 等效于 c = c * a
/=	除法赋值运算符	c /= a 等效于 c = c / a
%=	取模赋值运算符	c %= a 等效于 c = c % a
**=	幂赋值运算符	c **= a 等效于 c = c ** a
//=	取整除赋值运算符	c //= a 等效于 c = c // a

4. 逻辑运算符

多个表达式可以通过逻辑运算符进行运算,逻辑运算的结果并不表示数值大小,而是表示一种逻辑概念,若成立用 True 表示,若不成立用 False 表示。逻辑运算符用来表示日常交流中的"并且""或者""除非"等。Python 语言支持的逻辑运算符见表 2.15。

表 2.15 逻辑运算符

运算符	逻辑表达式	描述
and	x and y	与:若x为0、空字符串或False,返回x的值;否则返回y的值
or	x or y	或:若x为0、空字符串或False,返回y的值;否则返回x的值
not	not x	非:若x为True,返回False;若x为False,返回True

以下程序给出比较运算符具体用法示例:

```
>>> 10 and 20    #and用法
20
>>> 0 and 20
0
>>> "ad" and 20
20
>>> "" and 20    #返回空串
''
>>> False and 20
False
>>> 10 or 20     #or用法
10
>>> "AB" or 20
'AB'
>>> True or 20
True
>>> 0 or 20
20
>>> False or 20
20
>>> "" or 20
```

```
20
>>> not 20          #not 用法,此次 20 非零,为真
False
>>> not 0           #0 为 False
True
>>> not(5 and 8)    #先判断括号中间结果为 8,再进行非操作
False
>>>
```

Python 表达式中,将 0 和空字符串转换为 False 进行逻辑运算。

5. 身份运算符

Python 中的身份运算符用于比较两个对象是否是同一个对象,见表 2.16。

表 2.16 身份运算符

运算符	描述
is	x is y,即id(x) == id(y) 判断两个标识符是否是同一个对象。如果引用的是同一个对象,则返回True;否则返回False
is not	x is not y,即id(x) != id(y) 判断两个标识符是否是不同的对象。如果引用的不是同一个对象,则返回True;否则返回False

注:id() 函数用于获取对象内存地址。

以下程序段给出变量 a、b 和 c,其中,变量 a 和 b 表示相同的整数 10,变量 c 的值为 20,然后用 if 语句进行两组判断,分别得到不同的结果。

```
1   a=10
2   b=10
3   c=20
4   if a is b:              #如果变量a和b表示同一个变量,则输出结果
5       print(a,b,"引用同一个对象")
6   if a is not c:          #如果变量a和c不表示同一个变量,则输出结果
7       print(a,c,"没有引用同一个对象")
```

is 与 == 区别:
(1) is 用于判断两个变量引用对象是否为同一个。
(2) == 用于判断引用变量的值是否相等。

6. 成员运算符

除了以上的一些运算符之外,Python 还支持成员运算符,用以判断一个元素是否在某一个序列中,见表 2.17。例如,判断一个字符是否属于这个字符串,判断某个对象是否在这个列表中。

表 2.17 成员运算符

运算符	描述
in	若在指定序列中找到值,则返回True;否则返回False
not in	若在指定序列中没找到值,则返回True;否则返回False

以下程序给出成员运算符具体用法示例：

```
>>>'a' in 'abc'
True
>>> 'a' in 'ABC'
False
>>>'a' not in 'abc'
False
>>>'a' not in 'ABC'
True
>>>
```

7. 位运算符

按位运算符是把数字看作二进制来进行计算的。Python 中的按位运算法则见表 2.18。

表 2.18 位运算符

运算符	描述
&	按位与运算符：参与运算的两个值，如果两个相应位都为1，则该位的结果为1；否则为0
|	按位或运算符：只要对应的两个二进位有一个为1时，结果位就为1
^	按位异或运算符：当两对应的二进位相异时，结果为1
~	按位取反运算符：对数据的每个二进制位取反，即把1变为0，0变为1
<<	左移动运算符：运算数的各二进位全部左移若干位，高位丢弃，低位补0
>>	右移动运算符：把运算数的各二进位全部右移若干位

以下程序给出位运算符具体用法示例：

```
>>>60 & 13      # 60= 0011 11002，13= 0000 11012，即结果为 0000 11002
12
>>> a | b       # 结果为 0011 11012
61
>>> a ^ b       # 结果为 0011 00012
49
>>> ~a          # 结果为 1100 00112
-61
>>> a<<2        # 结果为 1111 00002
240
>>> a>>2        # 结果为 0000 11112
15
>>>
```

8. 运算符优先级

Python 中运算符众多，表 2.19 按优先级由高到低列出各运算符。

表 2.19 运算符优先级

运算符	描述
**	指数（最高优先级）
~, +, -	按位翻转

续表

运 算 符	描　述
*、/、%、//	乘、除、取模和取整除
+、-	加法减法
>>、<<	右移、左移运算符
&	位 'AND'
^、|	位运算符
<=、<、>、>=	比较运算符
<>、==、!=	等于运算符
=、%=、/=、//=、-=、+=、*=、**=	赋值运算符
is、is not	身份运算符
in、not in	成员运算符
not、or、and	逻辑运算符

2.7.2 表达式

所谓表达式就是由常量、变量、运算符、圆括号和函数等连接形成的一个有意义的运算式。Python 语言中表达式的书写需要遵循的规则部分如下：

（1）每行代码尽量不超过 80 个字符。
（2）括号成对使用。
（3）乘号不能省略。

2.7.3 random 库

random 库是产生随机数的 Python 标准库。从概率论角度来说，随机数是随机产生的数据（比如抛硬币），但计算机不可能产生随机值，真正的随机数也是在特定条件下产生的确定值，只不过这些条件我们没有理解，或者超出了我们的理解范围。计算机不能产生真正的随机数，于是伪随机数就被称为了随机数。伪随机数是计算机通过采用梅森旋转算法生成的（伪）随机序列元素。Python 语言中用于生成伪随机数的函数库是 random 库，因为是标准库，需要用 import 引入 random 库，见表 2.20。

表 2.20　random 库常用函数

函　数	说　明
seed(a=None)	初始化给定的随机数种子，默认为当前系统时间
random()	随机生成在 [0.0, 1.0) 范围内的一个实数
randint(a,b)	成一个[a,b]之间的随机整数
randrange(m,n[,k])	生成一个[m,n)之间以k为步长的随机整数
uniform(a,b)	生成一个[a,b]之间的随机小数

随机函数的使用示例如下：

```
>>> import random                    # 需要先引入库
>>> random.seed(10)                  # 产生种子 10 对应的序列
>>> random.random()
0.5714025946899135
>>> random.randint(10,100)           # 产生 [10,100] 之间的随机整数
64
```

```
>>> random.randrange(10,100,10)      # 产生[10,100)之间以10为步长的随机整数
80
>>> random.uniform(10,100)           # 产生[10,100]之间的随机小数
62.02821710210233
>>>
```

范例 2-8 模拟游戏：24点游戏。

【范例分析】

随机产生4个1～13之间的整数，要求4个数字运算结果等于24，用加、减、乘、除（可以加括号、乘方、开方或阶乘运算），每个数字必须用，且只能用一次。如4个数字是3、8、8、9，那么算式为(9-8)×8×3=24。

【范例源代码与注释】（文件名 example2_8.py）

```
1   #24点游戏 example2_8.py
2   import random
3   #随机产生4个数字
4   a=random.randint(1,13)
5   b=random.randint(1,13)
6   c=random.randint(1,13)
7   d=random.randint(1,13)
8   print("4个数字是：",a,b,c,d)                    #输出
9   x=eval(input("请输入计算表达式："))              #将表达式计算后赋值给变量x
10  if x==24:           #如果表达式计算结果是24，提示用户"答对了"
11      print("恭喜你答对了！")
12  else:               #否则提示用户"要加油噢！"
13      print("要加油噢！")
14  #注意：程序没有考虑无解的情况！
```

【程序运行】

按【F5】快捷键运行程序。程序运行结果如下：

```
>>>
===========================RESTART===========================
4个数字是： 9 12 9 12
请输入计算表达式：12+12+9-9
恭喜你答对了！
>>>
===========================RESTART===========================
4个数字是： 1 11 6 1
请输入计算表达式：(11+1)*(6-1)
要加油噢！
>>>
```

【范例说明】

本例中4个数字是利用random库中的randint()函数随机产生的，然后用eval()函数去掉用户计算表达式的引号得到表达式，将计算结果赋值给变量x，然后利用if判断语句，对用

户输入表达式的计算结果进行判断，完成程序要求功能。

范例 2-9 在画布上的随机位置画一个圆。

【范例分析】

本例同时使用了 random 库和 turtle 库，利用 random 库产生画圆的随机位置坐标（x,y）；再利用 turtle 库中 circle() 函数在坐标（x,y）处画圆，圆的半径可以给定数值，也可以利用随机数函数产生，最后绘制圆心，并输出圆心坐标值。

【范例源代码与注释】（文件名 example2_9.py）

```
1  # 随机画圆 example2_9.py
2  import random
3  from turtle import *
4  setup(800,600)
5  pencolor("blue")
6  pensize(5)
7  x=random.randint(-300,300)
8  y=random.randint(-200,200)   # 随机产生坐标（x,y）
9  penup()
10 goto(x,y)                    # 移动画笔到随机产生的位置
11 pendown()
12 r=random.randint(0,200)      # 随机产生半径值
13 circle(r)                    # 以 r 为半径画圆
14 penup()
15 goto(x,y+r)                  # 移动到圆心
16 dot(10,"red")                # 画圆心
17 write("("+str(x)+","+str(y+r/2)+")")   # 标注圆心坐标
```

【程序运行】

按【F5】快捷键运行程序。程序运行结果如图 2.2 所示。

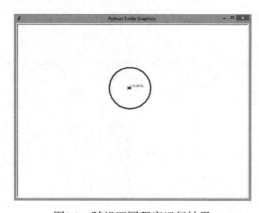

图2.2　随机画圆程序运行结果

【范例说明】

本例综合运用了 random 库和 turtle 库，但程序运行一次只能绘制一个圆。

思考：如何做到一次运行可以绘制多个圆呢？如图 2.3 所示。

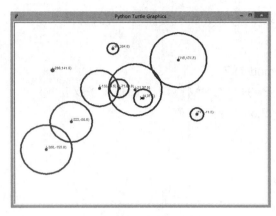

图2.3 随机绘制10个圆

因为每次绘制圆的过程都是一样的,重复 10 次即可实现,利用 for 循环函数,参考代码如下:

```
1   #随机画10个圆
2   import random
3   from turtle import *
4   setup(800,600)
5   pencolor("blue")
6   pensize(5)
7   for i in range(10):    #将画圆过程重复10次
8       x=random.randint(-300,300)
9       y=random.randint(-200,200)
10      penup()
11      goto(x,y)
12      pendown()
13      r=random.randint(0,100)
14      circle(r)
15      penup()
16      goto(x,y+r)
17      dot(10,"red")
18      write("("+str(x)+","+str(y+r/2)+")")
```

课后练习

1. 思考各操作符的优先级,计算下列表达式。
 (1) 30-3**2+8//3**2*10
 (2) 3*4**2/8%5
 (3) (2.5+1.25j)*4j/2
 (4) 2**2**3

2. 将下列数学表达式用 Python 程序写出来，并计算结果。

（1）$x=\dfrac{2^4+7-3\times 4}{5}$

（2）$x=(1+3^2)\times (16 \bmod 7)/7$

3. 假设 x=1，语句 x*=3+5**2 执行后，x 的值是多少？

4. s="Hello"，t= "Python"，s+=t，则

s =_____

s[-1] =_____

s[2:-1] =_____

s[::3] =_____

s[-2::-1] =_____

s.upper()=_____

s.lower()=_____

s.replace("o","oo") =_____

s.split("o") =_____

5. 判断题

（1）Python 中 "3"+"4" 结果为 "7"。（　　）

（2）abs(3+4j)=5.0（　　）

6. 下列表达式错误的是（　　）。

    A. 'abcd'<'ad'　　　　　　　　B. 'abc'<'abcd'

    C. ''<'a'　　　　　　　　　　　D. 'Hello'>'hello'

7. 写出下列 print 语句输入结果。

（1）print('{} {}'.format('hello','world'))

（2）print('{0} {1}'.format('hello','world'))

（3）print('{0} {1} {0}'.format('hello','world'))

（4）print('{1} {1} {0}'.format('hello','world'))

（5）print('{a} {tom} {a}'.format(tom='hello',a='world'))

（6）print('{} and {}'.format('hello','world'))

（7）print('{:10s} and {:>10s}'.format('hello','world'))

（8）print('{:^10s} and {:^10s}'.format('hello','world'))

（9）print('{} is {:.2f}'.format(1.123,1.123))

（10）print('{0} is {0:>10.2f}'.format(1.123))

8. 编程题

（1）随机产生一个不多于 5 位的正整数 n，要求：

① 判断 n 是几位数；

② 求出各位数字之和。

（2）请综合运用 random 库和 turtle 库，参照【范例 2-9】绘制图形，图形内容自定。

第 3 章 程序控制

Python 编程中对程序流程的控制主要是通过条件判断、循环控制语句及 continue、break 来完成的，其中条件判断语句按预先设定的条件执行程序，包括 if 语句、if 嵌套语句等；而循环控制语句则可以完成重复性任务，它包括 while 语句和 for 语句。本章节将重点介绍 Python 中分支结构控制语句和循环控制语句的使用方法和技巧。

本章重点知识

- Python 程序的结构和流程图的使用方法
- 分支结构的使用方法
- 循环结构的使用方法
- 运用 for 语句和 while 语句实现循环结构控制
- 运用循环辅助语句完成程序的跳转

3.1 结构化程序设计

现实生活中的流程是多种多样的，如汽车在道路上行驶，要按顺序沿道路前进，碰到交叉路口时，驾驶员需要判断是转弯还是直行，在环路上是继续前进，还是需要从一个出口出去，等等。

编程世界中遇到这些状况时，改变程序的执行流程，就要用流程控制语句。

语句是构造程序最基本的单位，程序运行的过程就是自动执行程序语句的过程。程序语句执行的次序称之为流程控制（或控制流程）。

比如生产线上的零件的流动过程，应该按顺序从一个工序流向下一个工序，这就是顺序结构。

但当检测不合格时，就需要从这道工序中退出，或继续在这道工序中再加工，直到检测通过为止，这就是选择结构和循环结构。

3.1.1 结构化流程图

程序的运行顺序是通过执行程序流程控制语句实现的。在开发程序前，通常需要绘制出程序的运行流程图，通过流程图可以查看程序的执行过程。

程序流程图使用图形、流程线和文字说明等方式来描述程序的基本操作和控制流程，流程图是对程序分析和过程描述的最基本方式。

1. 流程图的 8 种常用基本元素

绘制程序流程图的过程中，常用的流程图元素包括：起止框、判断框、处理框、输入/输出框、子程序框、注释框、流向线以及连接点等，见表 3.1。合理规范地使用流程图的基本元素能提高流程图的易读性和流通性。

表 3.1　流程图的常用 8 种基本元素

元素样式	元素名称	元素介绍
	起止框	程序的开始或结束都以此元素样式为准
	判断框	遇到不同处理结果的情况下，采用此符号连接分支流程
	处理框	标示程序的一组处理过程、一个程序操作，也称之为一个程序结点
	输入/输出框	标识数据的输入或者程序结果的输出
	子程序框	将流程中一部分有逻辑关系的结点合成一个子流程，方便主流程频繁调用
	注释框	在流程图中增加对语句、程序段的注释，使流程图更易懂
	流向线	用带箭头的直线或者曲线形式，标识程序的执行路径
	连接点	用来将任意节点或多个流程图连接起来，构成一个大的流程图。常用于将大流程图分解成多个小流程图的连接工作

2. 程序的流程

在程序流程图中，一般有 3 种基本程序结构，它们是顺序结构、选择结构和循环结构。一个实际工程项目的程序结构，不管有多么复杂，其基本要素都是由这 3 种结构构成的。本章的重点是按照实际工程项目的要求，根据其内在逻辑，找出解决问题的思路、步骤，并初步体会计算思维的思想。

3.1.2　程序运行的基本结构

程序运行可以理解为是在执行一条一条的程序语句。但是任何事情都会有不同的情况出现，就像去学校上课，不是所有的同学都能通过走直线到达学校的，而是需要选择不同的路线才能到达目的地。在程序设计中，顺序结构是程序的基础，但是单一地按照顺序结构执行程序是不能解决所有问题的，这就需要引入程序控制结构来引导程序按照需要的顺序执行。基本的处理流程包含 3 种结构，即顺序结构、选择（分支）结构和循环结构。为了便于理解和展示程序结构，下面采用流程图的方式分别展示。

1. 顺序结构

顺序结构就是程序按照程序语句的前后顺序依次执行的一种程序运行方式。顺序结构是 Python 程序中最基本、最简单的运行流程的结构，如图 3.1 所示。它按照语句出现的先后顺序依次执行，首先执行语句块 1，再执行语句块 2，…，依次逐条执行。

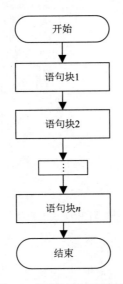

图3.1 顺序结构的流程图

2. 分支结构

分支结构是程序根据给定逻辑条件的不同结果而选择不同路径执行的运行方式，常见的有单向分支和双向分支。当然单向分支结构、双向分支结构也会组合形成多向分支结构。但程序在执行过程中都只执行其中的一条分支。单向选择和双向选择结构如图 3.2 所示。

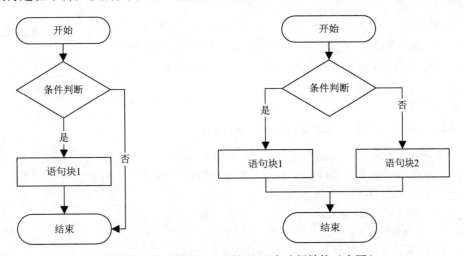

图3.2 单向分支结构（左图）和双向选择结构（右图）

3. 循环结构

循环结构即程序根据逻辑条件来判断是否重复执行某一段程序，若逻辑条件成立为真，则进入循环重复执行某段程序；若逻辑条件为假，则不再继续循环执行这段程序，而去执行后面的程序语句。循环结构分为条件循环和计数（遍历）循环，如图 3.3 所示。

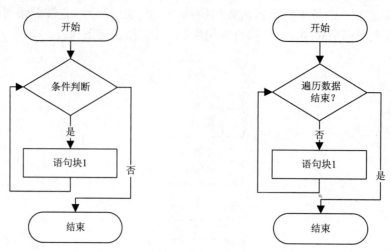

图3.3 条件循环和计数（遍历）循环结构

3.2 顺序结构

顺序结构中的语句是按照顺序逐一执行的，只包含顺序结构的程序其功能是非常有限的。下面是一个只有顺序结构的程序例子。

范例 3-1 计算圆的面积 S 和周长 L。

【范例分析】

本例是根据用户输入圆的半径值，通过公式 S=π*R*R，L=2*π*R，计算并输出圆的面积 S 和周长 L，并对计算结果保留 2 位小数。注：此范例中 π 的值取 3.14。程序流程图如图 3.4 所示。

【程序流程图】

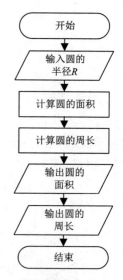

图3.4 计算圆面积与周长流程图

【范例源代码与注释】（文件名 example3_1.py）

```
1  #计算圆的面积和周长 example3_1.py
2  R=eval(input("输入圆的半径："))#运行程序提示"请输入圆半径"
3  S=3.14*R*R# 计算圆的面积
4  L=3.14*R*2# 计算圆的周长
5  print("圆的面积为 S=%f"%S)  # 输出圆的面积
6  print("圆的周长为 L=%f"%L)  # 输出圆的周长
```

【程序运行】

按【F5】快捷键运行程序。在提示光标处输入圆半径 10，通过程序计算可分别得到面积为 314.00 和周长为 62.80 的计算结果。

```
>>>
=============== RESTART ===============
输入圆的半径：10
圆的面积为 S=314.00
圆的周长为 L=62.80
```

【范例说明】

该程序是一个顺序结构的程序，程序的执行过程是按照书写语句，一步一步地按顺序执行，直至程序结束。程序运行首先需要用户输入圆的半径 R 值，然后程序开始执行圆面积和半径的计算，最后将运算结果输出。

3.3 分支结构

计算机要处理的问题往往是复杂多变的，仅采用顺序结构是不够的，还需要利用分支结构来解决实际应用中的各种问题。在 Python 中可以通过 if、elif、else 等条件判断语句来实现单分支结构、双分支结构和多分支结构等分支结构。

3.3.1 单分支结构：if 语句

单分支结构 if 语句主要由 3 个部分组成：关键字 if，用于判断结构真假的条件判断表达式，以及当表达式为真时执行的代码块。if 语句就是对语句中不同条件的值进行判断，进而根据不同的条件执行不同的程序走向。

在 Python 中，if 语句的语法格式如下：

```
if  <条件表达式>:
    <语句块>
```

注意：

（1）每个条件后面要使用冒号（:），表示接下来是满足条件后要执行的语句块。

（2）使用缩进来划分语句块（一般缩进 4 个空格），相同缩进数的语句在一起组成一个语句块。

（3）可以并列使用多条 if 语句实现对不同条件的判断。

if 语句的语句块只有在条件表达式的结果的布尔值为真时才执行，否则将跳过语句块执行该代码块后面的语句。其流程如图 3.5 所示。

If 语句中 <条件> 部分可以使用任何能够产生 True 或 False 的语句形成判断条件，最常见的方式是采用关系操作符，Python 语言共有 6 个关系运算符，见表 3.2。

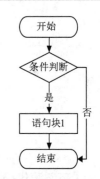

图3.5 单分支结构语句的控制流程图

表 3.2　Python 的关系运算符

运 算 符	数 学 符 号	运算符含义
<	<	小于
<=	≤	小于或等于
>	>	大于

续表

运 算 符	数 学 符 号	运算符含义
>=	≥	大于或等于
==	=	等于，比较对象是否相等
!=	≠	不等于

注意：在 Python 中使用单等号（=）表示赋值语句，而使用双等号（==）表示等于，要注意区分。

范例 3-2 通过年龄判断所在年龄段。

【范例分析】

本例是根据用户输入的年龄值，判断是否为成（未）年人，然后再输出年龄和年龄段的判断结果。程序流程图如图 3.6 所示。

【程序流程图】

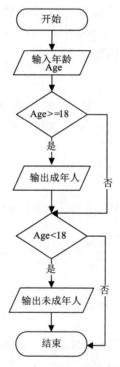

图3.6　If语句的控制流程图

【范例源代码与注释】（文件名 example3_2.py）

```
1   #判断是否为未成年人example3_2.py
2   age = eval(input("请输入您的年龄:"))  #获取用户年龄值，并将值赋予age
3   if age >= 18: #判断年龄是否大于等于18岁，如果"是"则执行下面语句
4       print("您的年龄是 ", age)
5       print("成年人")
6   if age < 18: #如果第一个条件判断为假，则执行这条判断语句
7       print("您的年龄是 ", age)
8       print("未成年人")
```

【程序运行】

按【F5】快捷键运行程序。在提示光标处输入 16，通过程序运行判断，执行第二条判断和语句的输出。当再次运行程序时输入 25，则执行第一条判断语句。

```
>>>
========================RESTART ========================
请输入您的年龄:16
您的年龄是 16
未成年
>>>
========================RESTART ========================
请输入您的年龄:25
您的年龄是 25
成年人
```

【范例说明】

该程序是一个 if 单分支结构的程序，在执行过程中会按照键盘输入的年龄值大小，而选择不同的语句执行。这是一个简单的二段式的单支判断，感兴趣的用户还可对年龄段进行细分：儿童、少年、青年以及老年等。

注意：该程序是单次运行，如果需要重新输入别的年龄值，需要程序再次运行程序。

范例 3-3 单分支结构实现 PM2.5 空气质量提醒。

【范例分析】

本例是根据用户输入的 PM2.5 值，判断空气质量并给出提醒。根据《环境空气质量指数（AQI）技术规定（试行）》（HJ 633—2012）规定：空气污染指数划分为 0～50、51～100、101～150、151～200、201～300 和大于 300 六挡，六挡对应于空气质量的 6 个级别，指数越大，级别越高，说明污染越严重，对人体健康的影响也越明显。作为案例，在此仅选择 3 级 PM2.5 值模式：0～50 为优，50～100 为良，100 以上为污染。

【范例源代码与注释】（文件名 example3_3.py）

```
1   # 空气质量提醒 example3_3.py
2   PM =  eval(input("请输入 PM2.5 数值： "))
3   if  0<=  PM  <  50:            # 如果 PM2.5 值 < 50,输出空气质优等信息
4       print("空气质量优,愉快地去户外玩耍吧!")
5   if  50  <=  PM  <100:          # 如果 50 <= PM2.5 值 < 100,打印空气良好的提醒
6       print("空气质量良好,适度户外活动! ")
7   if  100  <=  PM:               # 如果 PM2.5 值 >= 100,打印空气污染警告
8       print("空气质量污染,请小心,注意防护! ")
```

【程序运行】

按【F5】快捷键运行程序。在提示光标处输入 35，通过程序运行判断，则会执行第一条判断和语句的输出；再次运行程序两次，分别输入 65 和 120。

```
>>>
========================RESTART ========================
```

```
请输入 PM2.5 数值： 35
空气质量优,愉快地去户外玩耍吧！
>>>
=====================RESTART =========================
请输入 PM2.5 数值： 65
空气质量良好,适度户外活动！
>>>
=====================RESTART =========================
请输入 PM2.5 数值： 120
空气质量污染,请小心,注意防护！
```

【范例说明】

该程序是一个三段式 if 单分支结构的程序,当 PM2.5 值 >= 100,输出空气污染提醒,当 50 <= PM2.5 值 < 100,输出空气污染提醒,当 PM2.5 值 < 50,输出空气质量优提醒。

3.3.2 双分支结构

双分支结构是有两个分支,如果条件成立,执行分支 1 语句,否则执行分支 2 语句,分支 1 语句和分支 2 语句是由 1 条或多条语句构成的。在 Python 中,if…else 语句用来构成双分支结构,语法格式如下:

```
if   <条件表达式>:
    <语句块 1>
else:
    <语句块 2>
```

注意以下问题。

(1)<语句块 1> 是在 if 条件满足后执行的一个或多个语句序列。

(2)<语句块 2> 是 if 条件不满足后执行的语句序列。

(3)二分支语句用于区分 <条件> 的两种可能,即 True 或者 False,分别形成执行路径。

该语句的作用是当表达式的值为真时,执行语句块 1;否则执行 else 后面的语句块 2,其流程如图 3.7 所示。

(4)单分支结构是双分支的特例。

范例 3-4 驾驶证理论考试合格通过判定。

【范例分析】

本例是根据用户输入的驾驶证理论考试成绩,给出是否合格过关的提示。如果输入的成绩不少于 90 分,则给出合格通过提醒,否则给出不合格的提醒。程序流程图如图 3.8 所示。

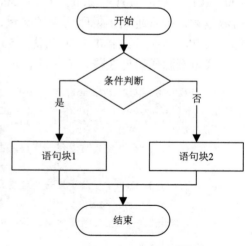

图 3.7 if…else 语句的控制流程图

【程序流程图】

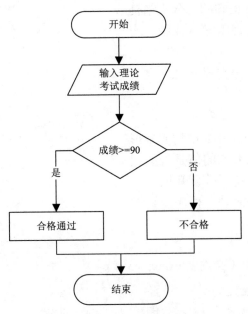

图3.8　考试是否合格判断流程图

【范例源代码与注释】（文件名 example3_4.py）

```
1    # 驾驶证理论考试成绩判断 example3_4.py
2    score = eval(input("请输入您驾驶证理论考试成绩:"))
3    if score >= 90:  # 判断考试成绩是否大于等于90，如果"是"则执行下面语句
4        print("您的驾驶证理论考试成绩是 ",score)
5        print("恭喜您，您已经通过了驾驶证的理论考试")
6    else:  # 如果条件判断为假，则执行下面语句
7        print("您的驾驶证理论考试成绩是 ",score)
8        print("继续努力，您未通过了驾驶证的理论考试")
```

【程序运行】

按【F5】快捷键运行程序，输入数据分别为92和80，输出结果如下：

```
>>>
========================RESTART ===========================
请输入您驾驶证理论考试成绩:92
您的驾驶证理论考试成绩是 92
恭喜您，您已经通过了驾驶证的理论考试
>>>
========================RESTART ===========================
请输入您驾驶证理论考试成绩:80
您的驾驶证理论考试成绩是 80
继续努力，您未通过驾驶证的理论考试
```

【范例说明】

该程序是一个 if...else 语句的双分支结构的程序,在执行过程中会判断考试成绩,来选择不同的分支语句执行。

范例 3-5 双分支结构实现 PM2.5 空气质量提醒。

【范例分析】

本例是【范例 3-3】的双分支结构实现形式,这里仅仅判断空气 PM2.5 的值是否引起空气污染,不大于 100 为良,适合开展户外活动,否则不宜开展户外活动。程序流程图如图 3.9 所示。

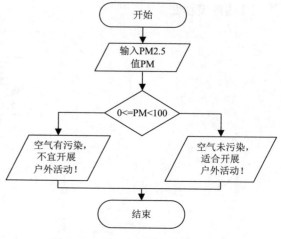

图3.9 PM2.5空气质量提醒流程图

【程序流程图】

【范例源代码与注释】(文件名 example3_5.py)

```
1  # 空气质量提醒 example3_5.py
2  PM=eval(input("请输入 PM2.5 数值: "))
3  if  0<= PM < 100:  # 如果PM2.5值 < 100,输出适合开展户外活动信息
4       print("空气未污染,适合开展户外活动!")
5  else: # 否则输出空气质量有污染,不宜开展户外活动。
6       print("空气有污染,不宜开展户外活动!")
```

【程序运行】

按【F5】快捷键运行程序。在提示光标处输入数据,通过程序运行判断,其输出结果如下:

```
>>>
======================RESTART ==========================
请输入 PM2.5 数值: 50
空气未污染,适合开展户外活动!
>>>
======================RESTART ==========================
请输入 PM2.5 数值: 105
空气有污染,不宜开展户外活动!
```

【范例说明】

该程序是一个双分支结构的程序,当 PM2.5 值 <= 100,输出空气无污染提醒,否则输出空气有污染提醒。

3.3.3 多分支结构

双分支结构只能根据条件表达式的真或假决定处理两个分支中的一个。当实际处理的问题有多种条件时,就需要用到多分支结构。在 Python 中用 if...elif...else 描述多分支结构,语句格式如下。

```
if  <条件表达式1>:
```

```
        语句块 1
elif< 条件表达式 2>:
        语句块 2
elif< 条件表达式 3>:
        语句块 3
        ...
else:
        < 语句块 N>
```

注意：

（1）无论有多少个分支，程序执行了一个分支后，其余分支不再执行。

（2）elif 不能写成 elseif。

（3）当多分支中有多个表达式同时满足，则只执行第一个与之匹配的语句块。因此，要注意多分支中表达式的书写阶梯次序，防止某些值的过滤。

多分支结构是二分支结构的扩展，这种形式通常用于设置同一个判断条件的多条执行路径。Python 测试条件的顺序为条件表达式 1、条件表达式 2……一旦遇到某个条件表达式为真的情况，则执行该条件下的语句块，然后跳出分支结构。如果没有条件为真，则执行 else 下面的语句块。语句的作用是根据表达式的值确定执行哪个语句块。Python 多分支结构程序流程图如图 3.10 所示。

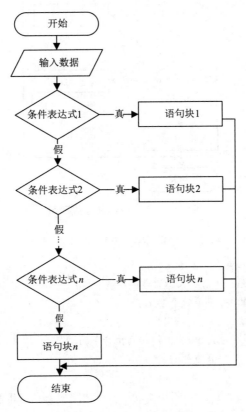

图3.10　多分支结构流程图

范例 3-6 简单多分支学生成绩评定。

【范例分析】

本例是根据用户输入的成绩（score）值，判断成绩所在的等级并输出评分等级（A、B、C、D和E）。这里评分级别标准是：90分以上为A级、80～90分为B级、70～80分为C级、60～70分为D级，低于60分为E级。程序流程图如图3.11所示。

【程序流程图】

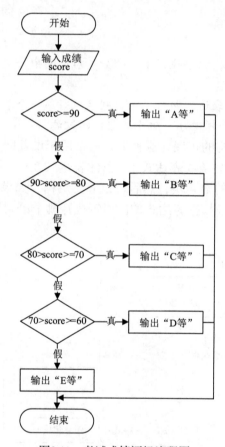

图3.11 考试成绩评级流程图

【范例源代码与注释】（文件名 example3_6.py）

```
1   # 学生成绩等级评定 example3_6.py
2   score = eval(input("请输入您的考试成绩:"))
3   # 获取用户的考试成绩，并将值赋予 score。
4   if score >= 90:
5       # 判断考试成绩大于等于90，如果"是"则执行下面语句。
6       print("您的考试评级为：A等")
7   elif score >= 80:
8       # 判断考试成绩大于等于80而小于90，如果"是"则执行下面语句。
9       print("您的考试评级为：B等")
10  elif score >= 70:
11      # 判断考试成绩大于等于70而小于80，如果"是"则执行下面语句。
```

```
12      print("您的考试评级为：C等")
13 elif  score >= 60:
14      #判断考试成绩大于等于60而小于70,如果"是"则执行下面语句。
15      print("您的考试评级为：D等")
16 else:# 如果上述条件判断均为假,则执行下面语句。
17      print("您的考试评级为：E等")
```

【程序运行】

按【F5】快捷键运行程序。在提示光标处输入数据,通过程序运行判断,则输出结果如下：

```
>>>
=====================RESTART =========================
请输入您的考试成绩：95
您的考试评级为：A等
>>>
=====================RESTART =========================
请输入您的考试成绩：85
您的考试评级为：B等
>>>
=====================RESTART =========================
请输入您的考试成绩：78
您的考试评级为：C等
>>>
=====================RESTART =========================
请输入您的考试成绩：60
您的考试评级为：D等
>>>
=====================RESTART =========================
请输入您的考试成绩：45
您的考试评级为：E等
```

【范例说明】

该程序是一个 if…elif…else 语句的多分支结构的程序,在执行过程中程序会根据输入的考试成绩依次和判断条件作比较,当某个判断条件成立时,则执行该条件下的语句。

范例 3-7 多分支结构实现 PM2.5 空气质量提醒。

【范例分析】

前面分别采用单分支结构、双分支结构实现 PM2.5 值的空气质量提醒。此范例将介绍采用多分支结构实现 PM2.5 值空气质量的提醒。

空气污染指数为 0～50,空气质量级别为一级,空气质量状况属于优；空气污染指数为 51～100,空气质量级别为二级,空气质量状况属于良；空气污染指数为 101～150,空气质量级别为三级,空气质量状况属于轻度污染；空气污染指数为 151～200,空气质量级别为四级,空气质量状况属于中度污染；空气污染指数为 201～300,空气质量级别为五级,空气质量状况属于重度污染；空气污染指数大于 300,空气质量级别为六级,空气质量状况属于严重污染。程序流程图如图 3.12 所示。

【程序流程图】

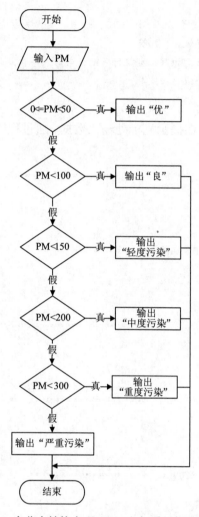

图3.12 多分支结构实现PM2.5空气质量提醒流程图

【范例源代码与注释】（文件名 example3_7.py）

```
1   # 空气质量提醒 example3_7.py
2   PM =  eval(input("请输入 PM2.5 数值： "))
3   if 0<=  PM  <  50:
4       #PM2.5数值小于50,如果"是",则执行下面语句。
5       print("空气质量级别为一级,空气质量状况属于优。")
6   elif  PM <100:
7       #PM2.5数值大于等于50而小于100,如果"是",则执行下面语句。
8       print("空气质量级别为二级,空气质量状况属于良。")
9   elif  PM<150:
10      #PM2.5数值大于等于100而小于150,如果"是",则执行下面语句。
11      print("空气质量级别为三级,空气质量状况属于轻度污染。")
12  elif  PM<200:
```

```
13      #PM2.5数值大于等于150而小于200,如果"是",则执行下面语句。
14      print("空气质量级别为四级,空气质量状况属于中度污染。")
15 elif  PM<300:
16      #PM2.5数值大于等于200而小于300,如果"是",则执行下面语句。
17      print("空气质量级别为五级,空气质量状况属于重度污染")
18 else:
19      # 如果上述条件判断均为假,则执行下面语句。
20      print("空气质量级别为六级,空气质量状况属于严重污染。")
```

【程序运行】

按【F5】快捷键运行程序。在提示光标处输入数据,通过程序运行判断,则输出结果如下:

```
>>>
=====================RESTART ==========================
请输入PM2.5数值: 45
空气质量级别为一级,空气质量状况属于优。
>>>
=====================RESTART ==========================
请输入PM2.5数值: 85
空气质量级别为二级,空气质量状况属于良。
>>>
=====================RESTART ==========================
请输入PM2.5数值: 125
空气质量级别为三级,空气质量状况属于轻度污染。
>>>
=====================RESTART ==========================
请输入PM2.5数值: 175
空气质量级别为四级,空气质量状况属于中度污染。
>>>
=====================RESTART ==========================
请输入PM2.5数值: 225
空气质量级别为五级,空气质量状况属于重度污染。
>>>
=====================RESTART ==========================
请输入PM2.5数值: 451
空气质量级别为六级,空气质量状况属于严重污染。
```

【范例说明】

该程序是一个if...elif...else语句的多分支结构的程序,在执行过程中程序会根据输入的PM2.5的数值依次和判断条件作比较,当某个判断条件成立时,则执行该条件下的语句。在多数情况下,同一个问题可以用多种解决方案。

3.3.4 if语句嵌套结构

在嵌套if语句中,可以把if...else结构放在另外一个if...else结构中。

双分支结构只能根据条件表达式的真或假决定处理两个分支中的一个。当实际处理的问题有多种条件时，需要用到嵌套 if 结构。语法格式如下：

```
if  <条件表达式1>:
    语句块1
    if <条件表达式2>:
        语句块1.1
    else:
        语句块1.2
else:
    语句块2
    if <条件表达式2>:
        语句块2.1
    else
        语句块2.2
```

if 语句嵌套结构和多分支结构相似，是对上级 if 判断语句为真值时的二次判断。

范例 3-8 if 嵌套语句范例。

【范例分析】

本范例对输入的数字进行判断，并给出运算结果。程序首先判断数值能否整除 2，如果能整除，再判断是否能整除 5，如二次判断均成立则给出该数能同时整除 2 和 5 并输出结果，否则仅给出能整除 2 的输出结果。当第一个判断整除 2 不成立时，则判断是否能整除 5，如判断成立则说明能整除 5 不能整除 2，否则给出该数值不能整除 2 和 5。程序流程图如图 3.13 所示。

【程序流程图】

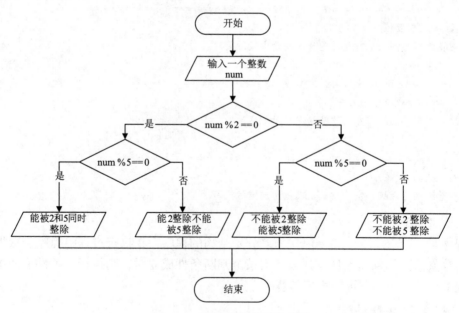

图 3.13　if 嵌套语句范例流程图

【范例源代码与注释】（文件名 example3_8.py）

```
1   # 输入一个数, 判断其是否能被 2 或 5 整除, example3_8.py
```

```
2   num=int(input("输入一个数字："))
3   if num%2==0:
4       #判断该数字能否被 2 整除。
5       if num%5==0:#再判断能否被 5 整除。
6           print ("你输入的数字可以被 2 和 5 整除")
7       else:
8           print ("你输入的数字可以被 2 整除，但不能被 5 整除")
9   else:
10      if num%5==0:
11          #如果该数字不能整除 2,则判断能否整除 5
12          print ("你输入的数字可以被 5 整除，但不能被 2 整除")
13      else:
14          print ("你输入的数字不能被 2 和 5 整除")
```

【程序运行】

按【F5】快捷键运行程序。在提示光标处输入数据，通过程序运行输出结果如下：

```
>>>
======================RESTART ==========================
输入一个数字:100
你输入的数字可以被 2 和 5 整除
>>>
======================RESTART ==========================
输入一个数字:14
你输入的数字可以被 2 整除,但不能被 5 整除
>>>
======================RESTART ==========================
输入一个数字:25
你输入的数字可以被 5 整除,但不能被 2 整除
>>>
======================RESTART ==========================
输入一个数字:117
你输入的数字不能被 2 和 5 整除
```

【范例说明】

该程序是两个 if...else 语句嵌套的多分支结构的程序，在执行过程中，先输入 100，程序执行第 3 行，判断是否能被 2 整除，条件为 True，继续执行第 5 行，再判断是否能被 5 整除，条件为 True，则输出"你输入的数字可以被 2 和 5 整除"。再次执行程序，输入 14，后面的情况，请读者自己分析。

3.3.5 多重条件判断

Python 编程中，经常会遇到多重条件比较的情况。多重条件比较时，需要用到 and 或者 or 运算符。

注意以下问题：

（1）and——A and B 表示 A 和 B 两个条件必须同时满足才可以执行。

（2）or——A or B 表示 A 或 B，两个条件只要满足其中的任意一个，就可以执行。

范例 3-9 多重条件判断范例。

【范例分析】

本范例是游乐园根据年龄段判断是否享受免票政策。免费标准是 4 岁及以下的儿童以及 60 岁及以上的老人。本例要实现输入一个年龄值，首先判断是否是有效年龄，然后再判断该年龄是否可以享受免票政策。程序流程图如图 3.14 所示。

【程序流程图】

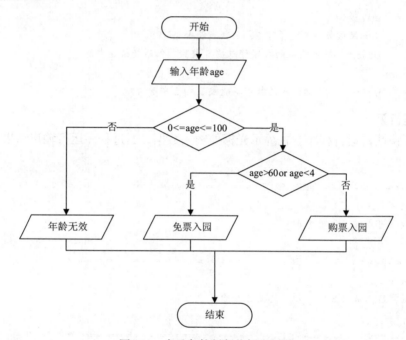

图3.14 多重条件判断范例流程图

【范例源代码与注释】（文件名 example3_9.py）

```
1   #游乐园免票入园年龄判断 example3_9.py
2   age=int(input("请输入您的年龄（1～100之间的整数）："))
3   if age >=1 and age <=100:#或者 1<=age <=100
4       if age >=60 or age<=4:
5           print ("您享受免票政策，可以免票入园游玩")
6       else:
7           print("您不符合免票政策，需要购买门票才能入园游玩")
8   else:
9       print("您输入的是无效年龄！")
```

【程序运行】

按【F5】快捷键运行程序。在光标处输入数据，通过程序运行输出结果如下：

```
>>>
======================RESTART ========================
请输入您的年龄（1～100之间的整数）：65
```

```
您享受免票政策，可以免票入园游玩
>>>
======================RESTART ==========================
请输入您的年龄（1～100之间的整数）：3
您享受免票政策，可以免票入园游玩
>>>
======================RESTART ==========================
请输入您的年龄（1～100之间的整数）：59
您不符合免票政策，需要购买门票才能入园游玩
>>>
======================RESTART ==========================
请输入您的年龄（1～100之间的整数）：-5
您输入的是无效年龄！
```

【范例说明】

输入 65 时，执行第 3 行 age >=1 and age <=100 条件为真（True），输出"您输入的是有效年龄！"，由于第 4 行的 if 语句嵌套在其中，条件 age >=60 or age<=4 结果为真（True），输出"您享受免票政策，可以免票入园游玩"。第 2 次执行程序，输入 3，执行路径与第 1 次相同，不再重复。第 3 次执行程序，输入 59，用户自己应能够分析出结果。需要强调的是，如果把第 3 行的 age >=1 and age <=100 改为 1<= age <=100 也是可以的，这是 Python 语言的特色，其他很多高级语言是不允许的。

3.4 循环控制语句

顾名思义，循环语句主要就是在满足条件的情况下反复执行某一系列操作。根据循环执行次数的确定性与否，循环可以分为确定次数循环和非确定次数循环。确定次数循环，指循环体的循环次数有明确的定义，循环次数限制采用遍历结构中元素个数来体现，也称有限循环，在 Python 中称之为遍历循环（for 语句）。非确定次数循环被称为条件循环，在 Python 中用 while 语句实现。

3.4.1 遍历循环（有限循环）：for 语句

for 语句通常由两部分组成，分别是条件控制部分和循环体部分。for 语句语法格式如下：

```
for <循环变量> in <遍历结构>:
    语句块 1
else:
    语句块 2
```

其中<循环变量>是一个变量名称，<遍历结构>则是一个序列。在 Python 中，for 语句之所以称之为"遍历循环"，是因为 for 语句执行的次数是由"遍历结构"中元素的个数决定的。遍历循环就是依次从"遍历结构"中取出元素，置入循环变量中，并执行对应的语句块。"遍历结构"可以是字符串、文件、组合数据类型或 range() 函数。else 语句只在循环正常执行并结束时才执行。else 语句通常是被省略的。

下列范例逐个输出 n 字符串内所有的值：

```
1    #for 循环举例 example3_10.py
2    for n in "12345":
3        print ("循环未完成: " +n)
```

执行结果如下：

```
>>>
=====================RESTART =========================
循环未完成: 1
循环未完成: 2
循环未完成: 3
循环未完成: 4
循环未完成: 5
```

3.4.2 条件循环（非确定次数循环）：while 语句

条件循环一直保持循环操作直到特定循环条件不被满足才结束，不需要提前确定循环次数。Python 通过保留字 while 实现条件循环，使用方法如下：

```
while   <循环条件>:
    <语句块>
```

其中 while 条件判断与 if 语句的条件判断一样，判断结果为 True 或 False。while 判断比较简单，当条件判断为 True 时，循环就会去重复执行语句块中的语句；当条件判断为 False 时，则终止循环语句的执行，同时去执行与 while 同级别的后续语句。while 语句和 for 语句一样也可以和 else 一同使用，使用方法如下：

```
while   <循环条件>:
    <语句块 1>
else:
    <语句块 2>
```

例如求 1+2+3+…+100 的累加和，通过 while 循环来实现，代码如下：

```
1    #while 循环举例 example3_11.py
2    s=0
3    n=1
4    while n<=100:
5        s=s+n
6        n=n+1
7    print("1+2+3+...+100=",s)
```

执行结果如下：

```
>>>
=====================RESTART =========================
1+2+3+...+100= 5050
```

注意：如果在这里遗漏代码行 n=n+1，则程序会进入无限循环之中。因为 n 变量的初始值为 1，但是不会发生变化，则 n<=100 始终为 True，将导致 while 循环不会停止。

要避免无限循环的问题，就务必对每个 while 循环进行测试，确保它按预期结束。

3.4.3　循环辅助语句：break 和 continue 语句

程序运行过程中，根据程序的目的，有时需要程序在满足另一个特定条件时终止本循环或终止本次循环。Python 中要实现循环的自由转场就要用到两个辅助保留字：break 和 continue，它们用来辅助控制循环。

break 语句可以在循环过程中直接退出所在循环，而 continue 语句可以提前结束本轮次循环，并直接开始下一轮次循环。这两个语句通常须配合 if 语句使用。

要特别注意，不要滥用 break 和 continue 语句。break 和 continue 会造成代码执行逻辑分叉过多，容易出错。大多数循环并不需要用到 break 和 continue 语句。

有些时候，如果代码写得有问题，会让程序陷入"死循环"，也就是永远循环下去。这时可以按【Ctrl+C】组合键退出程序，或者强制结束 Python 进程。

1. break 跳转范例

下列范例通过 break 来跳出内部循环，但仍执行其他循环：

```
1  #break 终止循环举例 example3_12.py
2  for n in range(2,10):
3      if n%2!=0:
4          break
5      print(n)
```

执行结果如下：

```
>>>
======================RESTART ==========================
2
```

本例中当首次满足 n%2!=0 条件时，执行 break 语句，使得本应执行 8 次的程序只执行了 1 次。

而 continue 是用来结束当前当次循环，即不再执行循环体中下面尚未执行的语句，但不跳出当前循环。

2. continue 跳转范例

下列范例通过 continue 来跳出本次循环，但仍执行下次循环：

```
1  #continue 终止循环举例 example3_13.py
2  for n in range(2,10):
3      if n%2!=0:
4          continue
5      print(n)
```

当每次满足 n%2!=0 条件时，执行 continue 语句，跳过本次的 print 语句，继续下一次循环，按【F5】快捷键运行程序，执行结果如下：

```
>>>
========================RESTART ==========================
2
4
6
8
```

3.4.4 pass 语句

pass 是空语句，主要为了保持程序结构的完整性。pass 不做任何事情，一般用作占位语句。在程序开发过程中，如果某个区块并不想执行任何程序语句，或者以后可能会添加其他语句，就可以先放置一个 pass 来占个位。

for 和 pass 语句配合使用，代码如下：

```
1  #pass 语句举例 example3_10.py
2  for aa in '霜叶红于二月花':
3      if aa == '二':
4          pass
5          print ('执行pass语句，我什么也不做')
6      else:
7          print (aa)
8  print ("所有文字输出完毕!")
```

按【F5】快捷键运行程序，执行结果如下：

```
>>>
========================RESTART ==========================
霜
叶
红
于
执行pass语句，我什么也不做
月
花
所有文字输出完毕!
```

3.5 异常处理

Python 当中，若一个程序在运行的时候出错，Python 解释器会自动在出错的地方生成一个异常对象，而后 Python 解释器会在出错地方的附近寻找有没有对这个异常对象处理的代码，所谓异常处理代码就是 try…except 语句。如果没有，Python 解释器会将这个异常对象抛给其调用函数，就这样层层抛出，如果没有对这个异常对象处理的代码，Python 解释器（实际上是操作系统）最后会做一个简单粗暴的处理，将整个程序终止掉，并将错误的信息输出至显示屏。显然，这是一个很不友好的动作。

3.5.1 异常的概念

程序执行过程中会出现因问题导致程序无法执行的情况。Python 解释器检测到错误，触发异常（也允许程序员自己触发异常），程序员编写特定的代码，专门用来捕捉这个异常（这段代码与程序逻辑无关，与异常处理有关），如果捕捉成功则进入另外一个处理分支，执行称为其定制的逻辑，使程序不会崩溃，这就是异常处理。

Python 解析器去执行程序，检测到了一个错误时，触发异常，异常触发后且没被处理的情况下，程序就在当前异常处终止，后面的代码不会运行，所以必须提供一种异常处理机制来增强程序的容错性。

捕捉异常可以使用 try…except 语句。try…except 语句用来检测 try 语句块中的错误，从而让 except 语句捕获异常信息并处理。如果不想在异常发生时结束程序，只需在 try 里捕获它即可。

3.5.2 常见的异常类型

常见的异常类型见表 3.3。

表 3.3 常见的异常类型

AttributeError	试图访问某个对象中不存在的属性
IOError	输入/输出异常；基本上是无法打开文件
ImportError	无法引入模块或包；基本上是路径问题或名称错误
IndentationError	语法错误（的子类），代码没有正确对齐
IndexError	下标索引超出序列边界
KeyError	试图访问字典里不存在的键
KeyboardInterrupt	组合键【Ctrl+C】被按下
NameError	使用一个还未被赋予对象的变量
SyntaxError	Python 代码非法
TypeError	传入对象类型与要求的不符合
UnboundLocalError	试图访问一个还未被设置的局部变量
ValueError	传入一个无效的参数

3.5.3 简单的 try…except 语句

try…except 语句的语法如下：

```
try:
    <被检测的语句块>
except <异常名字>:
    <异常处理语句块>
```

例如，下面的代码产生了一个 NameError 类型的异常，是由于在 y=z+12 前没有给 z 变量赋值，所以出现 name 'z' is not defined 的异常。

```
>>> x=10
>>> y=z+12
```

```
Traceback (most recent call last):
  File "<pyshell#3>", line 1, in <module>
    y=z+12
NameError: name 'z' is not defined
```

使用 try...except 语句，修改上面的程序，代码如下：

```
1   x=10
2   try:
3       y=z+12
4   except NameError:
5       print("变量或表达式错误")
```

按【F5】快捷键运行程序，运行结果如下：

```
>>>
======================RESTART ==========================
变量或表达式错误
```

3.5.4　try… except… else 语句

该语句语法如下：

```
try:
    <被检测的语句块>
except <异常名字>:
    <异常处理语句块>
else:
    <语句块>
```

若被检测的语句块正常运行，不发生异常，则执行 else 语句块。例如，下面的代码：

```
1   try:
2       msg = int(input("输入一个整数"))
3       print(msg)
4   except Exception as e:
5       print("异常的类型是:%s"%type(e))
6       print("异常的内容是:%s"%e)
7   else:
8       print('如果代码块不抛出异常会执行此行代码！')
```

按【F5】快捷键执行程序时，先输入 3，程序执行 try... 包含的语句块，输出结果为第一部分，再次执行程序，输入 a，程序执行 except... 包含的语句块，则输出结果为第二部分。运行结果如下：

```
>>>
======================RESTART ==========================
输入一个整数3
3
```

```
如果代码块不抛出异常会执行此行代码!
>>>
======================RESTART ==========================
输入一个整数 a
异常的类型是:<class 'ValueError'>
异常的内容是:invalid literal for int() with base 10: 'a'
```

input() 函数返回的值是一个字符串,不是一个整数,也不是一个浮点数。而在 int(input()) 时,不能把一个字母 a 转换成整型数据。异常的类型是 'ValueError'。这里的 else 子句,与前面讲到的 for 和 while 中的 else 子句相似,不再赘述。

3.5.5 try... except... else... finally 语句

该语句语法如下:

```
try:
    <被检测的语句块>
except <异常名字>:
    <异常处理语句块>
else:
    <语句块>
finally:
    <语句块>
```

Python 中,不管异常有没有发生,finally 语句总是会被执行,要将 finally 语句放在最后。finally 语句块的内容通常是做一些善后的处理,比如资源释放什么的,并且 finally 语句块是无论如何都要执行的,即使在前面的 try 和 except 语句块中出现了 return,都先将 finally 语句执行完再去执行前面的 return 语句。

例如:

```
1  try:
2      x,y=eval(input("输入两个整数,以,号隔开"))
3      result = x/y
4  except ZeroDivisionError:
5      print("0 不能作除数!")
6  else:
7      print("结果是:%0.3f"%result)
8  finally:
9      print("无条件执行 finally 子句")
```

按【F5】快捷键执行程序时,先输入 2,3,输出结果如下(没有触发异常,else 和 finally 子句都被执行):

```
>>>
======================RESTART ==========================
输入两个整数,以,号隔开 2,3
结果是: 0.667
```

无条件执行finally 子句

按【F5】快捷键再次执行程序时,先输入 2,0,输出结果如下(触发异常类型为 ZeroDivisionError,except ZeroDivisionError 语句被执行,else 语句没有执行,而 finally 语句被执行):

```
>>>
====================RESTART ===========================
输入两个整数,以,号隔开2,0
0 不能作除数!
无条件执行finally 子句
```

按【F5】快捷键第 3 次执行程序时,先输入 2,a,输出结果如下(触发异常类型为 NameError,但程序中没有 except NameError 语句,else 语句没有执行,而 finally 语句被执行后,异常被抛出,程序被粗暴终止):

```
>>>
====================RESTART ===========================
输入两个整数,以,号隔开2,a
无条件执行finally 子句
Traceback (most recent call last):
  File "C:\Python34\x.py", line 224, in <module>
    x,y=eval(input("输入两个整数,以,号隔开"))
  File "<string>", line 1, in <module>
NameError: name 'a' is not defined
```

前面列举过常见的异常类型,但在程序中如果把所有的异常都处理一遍,显然也是不现实的,修改程序如下:

```
1  try:
2      x,y=eval(input("输入两个整数,以,号隔开"))
3      result = x / y
4  except ZeroDivisionError:
5      print("0 不能作除数!")
6  except Exception as e:
7      print("程序由于%s"%type(e)+"异常被终止,请检查!")
8  else:
9      print("结果是:%0.3f"%result)
10 finally:
11     print("无条件执行finally 子句")
```

按【F5】快捷键第 4 次执行程序时,先输入 2,a,触发异常类型为 NameError,在程序中增加 except Exception as e 子句被执行,输出结果如下(else 子句没有执行,而 finally 子句也被执行):

```
>>>
====================RESTART ===========================
```

输入两个整数,以,号隔开2,a
程序由于<class 'NameError'>异常被终止,请检查!
无条件执行finally 子句

3.6 综合应用实例

范例 3-10 编写程序判断一个数是否为素数(素数只能被1和其自身整除)。

方法1:素数是只能被1和其自身整除的正整数。例如,这个数为 n,则只要依次用2、3、4、…、$n-1$ 去除这个数,只要中间某次出现余数为0,则可以断定其不是素数。

【范例分析】

本例首先使用 range() 函数生成整数序列 2, 3, …, $n-1$,然后采用 for 循环语句,判断能否被整除。程序流程图如图 3.15 所示。

【程序流程图】

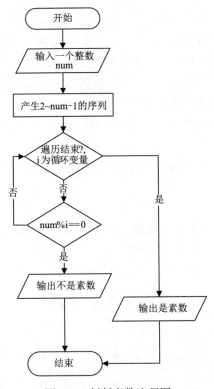

图3.15 判断素数流程图

【范例源代码与注释】(文件名 example3_10.py)

```
1  #for循环判断一个数是否为素数example3_10.py
2  num=int(input("输入一个数字:"))
3  for i in range(2,num):#产生2...num-1序列
4      if num%i==0:
5          print(num,'不是素数')
```

```
6            break
7    else:# 只有当 2...num-1 与 num 求余一直不为 0 时（也就是没有机会执行 break），才可能执行 else
8        print(num,'是素数')+n)
```

【程序运行】

按【F5】快捷键运行程序。程序运行结果如下：

```
>>>
====================RESTART ==========================
输入一个数字：111
111 不是素数
>>>
====================RESTART ==========================
输入一个数字：11
11 是素数
```

【范例说明】

本例中通过 for…else 结构实现对是否为素数的判定，是 Python 语言提供的便利。在 for…else 结构中，只有当 for 循环正常结束，才能执行其后的 else 部分，一旦在 for 循环中遇见 break，则循环就会提前结束，那么其后续的 else 部分也不被执行，所以，当第 4 行的 num%i==0 没有机会为真（True）时，才可能执行 else 部分判定此数为素数；相反，只要 num%i==0 结果为真（True）时，就说明这个数不是素数。

试想如果不使用 for…else 结构，只用 for 循环来实现上述编码，会如何呢？仔细体会 Python 语言设计者的巧妙之处！

方法 2：经过数学证明，在判断素数过程中，没有必要判断到 num-1，只要到 $\sqrt{num}$ 就可以。修改一下程序。

【范例分析】

计算 $\sqrt{num}$，在 Python 中需要引入第三方库 math 的 sqrt() 函数，而且 sqrt() 函数的结果为浮点型，需要用 int() 函数将其转化为整型。

【范例源代码与注释】（文件名 example3_10_1.py）

```
1   #for 循环判断一个数是否为素数 example3_10_1.py
2   import math
3   num=int(input("输入一个数字："))
4   for i in range(2,int(math.sqrt(num))):# 产生 2... √num 序列
5       if num%i==0:
6           print(num,'不是素数')
7           break
8   else:# 只有当 2... √num 与 num 求余一直不为 0 时，才可能执行 else
9       print(num,'是素数')
```

【程序运行】

按【F5】快捷键运行程序。程序运行结果如下：

```
>>>
```

```
========================RESTART ===========================
输入一个数字：111
111 不是素数
>>>
========================RESTART ===========================
输入一个数字：11
11 是素数
```

【范例说明】

此方法与前述的区别在于循环的次数减少，循环次数的上限由 num−1 减少到 int(math.sqrt(num))，提高了程序的执行效率。

范例 3-11 猜数字游戏。

【范例分析】

本例是通过程序随机生成 1~10（也可以是 1~50 或 1~100 等，可任意定范围）之间的一个数字，和玩家所输入的数字作比较，在运行过程中会对玩家所输入数字和随机数字进行比较，并给出玩家提醒（大了或小了）帮助尽快猜对。当玩家猜对后，给出获胜通知，同时游戏结束。程序流程图如图 3.16 所示。

【程序流程图】

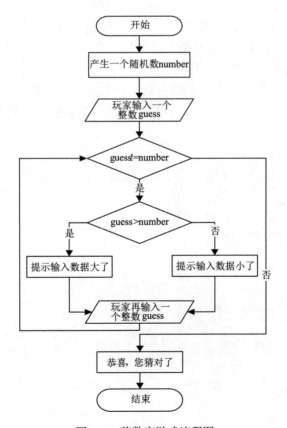

图3.16 猜数字游戏流程图

【范例源代码与注释】（文件名 example3_11.py）

```
1    # 猜数字游戏 example3_11.py
2    import random
3    number=random.randint(1,10)
4    print('------ 猜数字游戏！-----')
5    guess=int(input("猜数字游戏开始，请输入1～10的整数数字："))
6    while guess!=number:
7        if guess>number:
8            print(guess, " 你输入的数字大了，请仔细想想 ")
9        else:
10           print(guess , " 你输入的数字小了，请仔细想想 ")
11       guess=int(input("再试一次 "))
12   print(guess," 恭喜，你猜对了！ ")
13   print(' 游戏结束，再见！ ^_^')
```

【程序运行】

按【F5】快捷键运行程序。在提示光标处首先输入数字 1，提示输入的数字小了，第二次输入数字 10，提示输入的数字大了，……直到输入 7，程序提示猜对了，游戏结束。用户注意由于使用 random.randint(1,10) 产生随机数，每次程序运行，被猜数都是不一样的，这样就增加了程序的趣味性。如果希望每次产生的随机数都是一样的，则需要使用 random.seed(n=None) 函数。seed() 函数的功能是改变随机数生成器的种子，默认为系统当前时间。本例没有指定随机数生成器的种子，那么，每次生成的随机数都是不一样的；如果我们指定了随机数生成器的种子，则每次生成的随机数就是确定的，例如，执行 random.seed(125) 语句后，每次生成的第一个随机数都是 4。这种方法在科学实验中，需要某种实验结果能够重现时会用到。程序运行结果如下：

```
>>> 
=====================RESTART =========================
------ 猜数字游戏！-----
猜数字游戏开始，请输入1～10的整数数字：1
1  你输入的数字小了，请仔细想想
再试一次 10
10   你输入的数字大了，请仔细想想
再试一次 9
9  你输入的数字大了，请仔细想想
再试一次 2
2  你输入的数字小了，请仔细想想
再试一次 8
8  你输入的数字大了，请仔细想想
再试一次 6
6 你输入的数字小了，请仔细想想
再试一次 7
```

```
7   恭喜，你猜对了!
游戏结束，再见!  ^_^
```

【范例说明】

该游戏程序应用了 Python 程序中的 random 模块。通过 random.randint (1,10) 函数获取随机 1~10 的数字（包含 1 或 10）。程序首先在第 3 行执行时获取一个随机数字。然后游戏在运行第 5 行程序时获取玩家输入猜测的数字，并且将其存储到变量 guess 中。游戏循环从 6 行处的 while 语句开始。使用 !=(不等于操作符)来看看猜测的数字是否等于秘密(随机)数字。如果第一次尝试就猜对了这个数字，guess!= number 结果为 False 并且 while 循环将不会运行。直接转到第 12 行程序执行，否则进入循环体里的语句。

只要用户猜测的数字不等于秘密数字，在 7 行处使用一条 if 语句检查猜测的数字是大了(guess>number)还是小了(guess<number)，并且给用户输出消息，请玩家再猜一次。程序接受玩家的再一次猜测，同时再次开始循环，直到用户猜对为止。

范例 3-12 输出九九乘法表。

【范例分析】

本例是通过循环嵌套来实现。在输出样式上，选择左下三角形。程序流程图如图 3.17 所示。

【程序流程图】

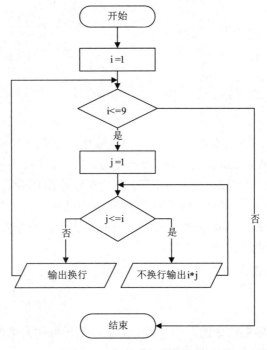

图3.17　九九乘法表流程图

【范例源代码与注释】（文件名 example3_12.py）

```
1   #输出九九乘法表example3_12.py
2   for i in range(0,10):
3       if i==0:
```

```
4            print(" * ",end='')
5        else:
6            print("%2d" %i,end=" ")
7  print (" ")# 以上程序输出九九乘法表的表头
8  for i in range(1,10):
9      print("%2d" %i,end=" ")# 输出最左边的一列
10     for j in range(1,i+1):# 每行输出结果个数与当前行号相关
11         print("%2d" %(i*j),end=" ")# 输出相乘结果
12     print (" ")# 内循环结束换行
```

【程序运行】

按【F5】快捷键运行程序。程序运行结果如下：

```
>>>
==================== RESTART ====================
 *  1  2  3  4  5  6  7  8  9
 1  1
 2  2  4
 3  3  6  9
 4  4  8 12 16
 5  5 10 15 20 25
 6  6 12 18 24 30 36
 7  7 14 21 28 35 42 49
 8  8 16 24 32 40 48 56 64
 9  9 18 27 36 45 54 63 72 81
```

【范例说明】

程序中第 8、10、11、12 行为核心语句，构成输出左下三角形语句架构。第 8、10 行是循环嵌套结构，外循环通过 range(1,10) 函数产生 1，2，3，…，9，9 个序列，内循环通过 range(1,i+1) 函数产生 1~i 个序列，而产生序列的多少与外循环变量 i 的值有关。第 12 行的 print() 函数起到换行的作用，详细的解释在前述章节中已经叙述，这里不再重复。第 1 ~ 7 行为了输出九九乘法表的第 1 行的表头，而第 9 行则是为了输出最左边的一列。

请用户自己设计其他的九九乘法表的样式。

范例 3-13 利用格雷果里公式计算并输出圆周率 π，$\pi/4=1-1/3+1/5-1/7+\cdots$，直到最后一项小于 1e-6 即 10^{-6}。

【范例分析】

本例是通过 while 循环来实现的。由 while 构成的循环被称为条件循环，常应用于事先不知道循环次数的情况下。程序流程图如图 3.18 所示。

【程序流程图】

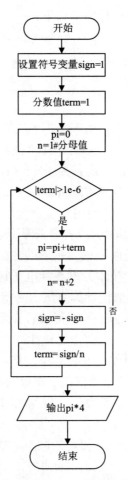

图3.18 格雷果里公式计算圆周率流程图

【范例源代码与注释】（文件名 example3_13.py）

```
1   # 格雷果里公式计算并输出圆周率 example3_13.py
2   import math
3   sign=1# 设置符号变量
4   pi=0
5   n=1# 分母值
6   term=1# 分数值
7   while(math.fabs(term)>=1e-6):# 判断 |term|>=1e-6
8       pi=pi+term
9       n=n+2
10      sign=-sign# 变号
11      term=sign/n
12  pi=pi*4;
13  print("{:10.8f}".format(pi))
```

【程序运行】

按【F5】快捷键运行程序。程序运行结果如下：

```
>>> 
======================RESTART ==========================
3.14159065
```

【范例说明】

利用下列格雷果里公式计算圆周率，由于事先无法知道循环的次数，所以这里使用while循环，而不使用for循环。根据公式，此处设计了用来控制符号的符号变量sign，分母变量n，分数变量term。while循环结束的条件是判断|term|<1e-6，这里用到了绝对值符号，而Python中没有绝对值函数，需要引入第三方库math，math.fabs()是绝对值函数。

范例 3-14 利用蒙特卡洛方法计算圆周率 π。

蒙特卡洛方法（Monte Carlo method）的名字来源于摩纳哥的一个城市蒙特卡洛，该城市以赌博业闻名，而蒙特卡洛方法正是以概率为基础的方法。蒙特卡洛方法也称为统计模拟方法，是20世纪40年代中期由于科学技术的发展和电子计算机的发明，而被提出的一种以概率统计理论为指导的一类非常重要的数值计算方法。是指使用随机数（或更常见的伪随机数）来解决很多计算问题的方法。有一个例子可以帮读者直观地了解蒙特卡洛方法：假设要计算一个不规则图形的面积，那么图形的不规则程度和计算（比如积分）的复杂程度是成正比的。蒙特卡洛方法是怎么计算的呢？假想你有一袋豆子，把豆子均匀地朝这个图形上撒，然后数这个图形之中有多少颗豆子，这个豆子的数目就是图形的面积。在豆子越小，撒的越多的时候，结果就越精确。这里假定豆子都在一个平面上，相互之间没有重叠。

【范例分析】

求算圆周率。假设正方形内部有一个相切的圆，圆的半径为 R，其面积为 $S_1=\pi R^2$，而其外接正方形边长为 $2R$，面积为 $S_2=4R^2$，它们的面积之比是 π/4，如图3.19所示。如图3.20所示，假设向这个由正方形和圆组成的图形中随机扔豆子，扔的次数为 N，落入圆中的次数为 n，则根据面积比例，有：$\pi R^2/(4R^2) \approx n/N$。

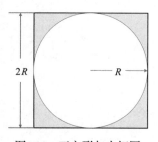
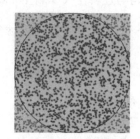

图3.19　正方形与内切圆　　　　图3.20　蒙特卡洛抛点

注意这里是约等于。根据概率论，当 N 越大时，则上述左右两边的差值会越小，圆周率 π 可以使用下式来逼近：

$$\pi \approx 4n/N$$

现在，在这个正方形内部，随机产生10 000个点（即10 000个坐标对 (x, y)），计算它们与中心点的距离，从而判断是否落在圆的内部。如果这些点均匀分布，那么圆内的点应该占到所有点的 π/4，因此将这个比值乘以4，就是 π 的值。程序流程图如图3.21所示。

【程序流程图】

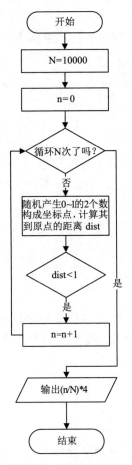

图3.21 蒙特卡洛方法计算圆周率流程图

【范例源代码与注释】（文件名 example3_14.py）

```
1  # 蒙特卡罗方法计算并输出圆周率 example3_14.py
2  from random import random
3  from math import sqrt
4  from time import clock
5  N=10000
6  n=0
7  clock()# 引入时钟计时，单位为秒
8  for i in range(1, N+1):# 循环N次，即抛洒N个坐标点
9      x,y=random(),random()
10 dist=sqrt(x ** 2 + y ** 2)
11 # 计算随机坐标点到圆心的距离，若小于1，则认为此点落在圆内
12     if dist <= 1.0:
13         n=n+1
14 pi =4*(n/N)
15 print("Pi值是{}.".format(pi))
```

```
16 print("运行时间是：{:5.5}s".format(clock()))
```

【程序运行】

按【F5】快捷键运行程序3次。程序运行结果如下：

```
>>>
=======================RESTART ========================
Pi 值是 3.1516
运行时间是：0.029164s
>>>
=======================RESTART ========================
Pi 值是 3.164
运行时间是：0.015065s
>>>
=======================RESTART ========================
Pi 值是 3.1604
运行时间是：0.015579s
```

【范例说明】

利用蒙特卡洛方法计算圆周率，在没有修改程序的情况下，3次执行结果不尽相同，这是由于产生的随机点每次都是不一样的，而且计算精度不高。可以通过增加抛洒的点数来提高计算精度。

课后练习

1. 闰年分为普通闰年（能被4整除但不能被100整除的为普通闰年）和世纪闰年（能被400整除的是世纪闰年）。编写程序，输入一个年份，输出其是否为闰年。

2. 输入一个百分制的成绩，编写程序判断其等级。规则：score>=90 为"A等"；90>score>=80 为"B等"；80>score>=70 为"C等"；70>score>=60 为"D等"；60>score 为"E等"。

3. 编写程序判断输入的数值是否能整除3和5。

4. 编写程序输出 1~100 闭区间的所有奇数和。

5. 编写程序计算 n 的阶乘 $n!$。

6. 编写程序计算 $1!+2!+3!+\cdots+n!$。

7. 一张纸的厚度大约是 0.08 毫米，对折多少次之后能达到珠穆朗玛峰的高度（8848.13米）？假定这张纸足够大。

8. 打印出所有的"水仙花数"，所谓"水仙花数"是指一个三位数，其各位数字立方和等于该数本身，如 $153=1^3+5^3+3^3$。

9. 我国古代数学家张邱建在《算经》中出了一道"百钱买百鸡"的问题，题意是这样的：5文钱可以买一只公鸡，3文钱可以买一只母鸡，1文钱可以买3只雏鸡。现在用100文钱买100只鸡，那么各有公鸡、母鸡、雏鸡多少只？请编写程序实现。

10. 本金10 000元存入银行，年利率是3‰，每过1年，将本金和利息相加作为新的本金。

计算 5 年后，能取出多少？

11. 编写程序，任意输入一个整数，求它的位数。

12. 斐波那契数列的第 1 和第 2 个数分别为 1 和 1，从第 3 个数开始，每个数等于其前两个数之和（1,1,2,3,5,8,13,…）编写一个程序，输出斐波那契数列中的前 20 个数，要求每行输出 5 个数。

13. 利用公式
$\frac{\pi}{2} = \frac{2}{1} \times \frac{2}{3} \times \frac{4}{3} \times \frac{4}{5} \times \frac{6}{5} \times \frac{6}{7} \times \frac{8}{7} \times \frac{8}{9} \times \cdots$ 的前 1 000 项之积计算 π 的值。

14. 假设某人有 100 000 元现金．每经过一次路口需要进行一次交费。交费规则为当他现金大于 50 000 元时，每次需要交 5%；如果现金小于等于 50 000 元时，每次交 5 000 元。请写一程序计算此人可以经过多少次这个路口。

15. 将所有的 5 位数中的回文数打印输出。即 12321 是回文数，个位与万位相同，十位与千位相同。

16. 编程打印如下图形：

```
   *
  ***
 *****
*******
 *****
  ***
   *
```

第 4 章 组合数据类型

前面章节介绍了整型、浮点型、复数类型，这些类型仅能表示一个数据，这些类型被称为基本数据类型。在实际应用中，需要处理的大量数据是复杂数据类型，它们是由其他数据类型组合在一起的，被称为组合数据类型。

组合数据类型将多个相同类型或不同类型的数据组织在一起，成为一个新的类型，这种组合后的数据类型，使得数据的操作，更合理、更容易、更符合数据之间的内在联系。Python 中的组合数据类型包括序列类型、集合类型和映射类型，如图4.1所示。

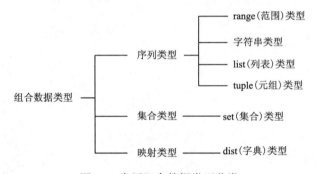

图4.1 常用组合数据类型分类

本章重点知识

- range（范围）类型的特点和使用方法
- list（列表）类型的特点和使用方法
- tuple（元组）类型的特点和使用方法
- set（集合）类型的特点和使用方法
- dict（字典）类型的特点和使用方法

4.1 列表类型

Python 中的列表是可变序列，通常用于存储相同类型的数据集合，当然也可以存储不同类型数据。Python 中的列表表现形式有点像其他语言中的数组：列表中的元素用方括号 [] 括起来，以逗号进行分割。

列表是 Python 中最基本也是最常用的数据结构之一。列表中的每个元素都被分配一个数字作为索引,用来表示该元素在列表内所在的位置。第一个元素的索引是 0,第二个元素的索引是 1,以此类推。索引也可以为负值,负数索引表示从右往左开始计数,最后一个元素索引为 –1,倒数第二个元素索引为 –2,以此类推。

从数据结构角度看,Python 的列表是一个可变长度的顺序存储结构,是一个有序可重复的元素集合,可嵌套、迭代、修改、分片、追加、删除,同时可以进行成员判断。

4.1.1 列表的创建

创建一个列表,只要把逗号分隔的不同的数据项使用方括号[]括起来即可。列表内的元素,可以是其他任意类型的数据,可多层嵌套列表,元素个数无限制。例如:

```
>>> L1=[]  # 创建一个空列表
>>> L1
[]  # 列表 L1 的内容为空
>>> L2=[1, 2, 3]  # 创建列表 L2,共有 3 个元素,都是数值类型
>>> L2
[1, 2, 3]
>>> L3=[1, 'a', [11,22], 'Python']  # 创建列表 L3,其中 4 个元素的类型不同,第 1 个、第 3 个元素为字符串,而第 2 个元素,嵌套定义了列表。
>>> L3
[1, 'a', [11, 22], 'Python']
```

4.1.2 访问列表内的元素

列表从 0 开始,为它的每一个元素顺序创建下标索引,直到总长度 len(list)-1。要访问它的某个元素,以方括号加下标值[index]的方式即可。注意要确保索引不越界,一旦访问的索引超过范围,便会抛出异常。所以,一定要记得最后一个元素的索引是 len(list)-1。

继续上面创建的列表,访问其中的内容。例如:

```
>>> L2[0]     # 访问列表 L2 的第 0 个元素
1
>>> L3[3]     # 访问列表 L3 的第 3 个元素,输出一个字符串
'Python'
>>> L3[-1]    # 访问列表 L3 的第 -1 个元素,也就是倒数第一个元素
'Python'
>>> L3[-2]    # 访问列表 L3 的第 -2 个元素,输出一个列表
[11, 22]
>>> L3[5]     # 列表 L3 的最大下标值为 3,访问下标范围越界,会抛出异常
Traceback (most recent call last):
  File "<pyshell#12>", line 1, in <module>
    L3[5]
IndexError: list index out of range
```

4.1.3 修改元素的值

直接对元素进行重新赋值。例如:

```
>>> L3[-1]='Computer'  # 修改L3列表的最后一个元素的值为'Computer'
>>> L3
[1, 'a', [11, 22], 'Computer']
```

4.1.4 切片(分片)

使用索引可以获取单个元素,使用分片可以获取序列中指定范围内的元素。切片指的是对序列进行截取,选取序列中的某一段。需要说明的是,切片不仅仅在列表中使用,只要是Python的序列类型,都可以使用切片。

以冒号分割索引,start 代表起点索引,end 代表结束点索引。省略 start 表示以 0 开始,省略 end 表示到列表的结尾。注意,区间是左闭右开的!也就是说 [1:4] 会截取列表的索引为 1、2、3 的 3 个元素,不会截取索引为 4 的元素。分片不会修改原有的列表,可以将结果保存到新的变量,因此切片也是一种安全操作。如图 4.2 所示。

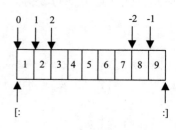

图4.2 列表索引及切片

切片的语法是: list[start:end:step]。其中, step 项可以省略, 默认值为 1。例如:

```
>>> L1=['a','b','c','d','e','f','g']  # 创建列表L1
>>> L1
['a', 'b', 'c', 'd', 'e', 'f', 'g']
>>> L2=[1,2,3,4,5,6,7]  # 创建列表L2
>>> L2
[1, 2, 3, 4, 5, 6, 7]
>>> L1[1:5]  # 对列表L1进行从第1个元素到第5-1个元素截取,注意不含右边界
['b', 'c', 'd', 'e']
>>> L2[:5]  # 对列表L2 进行从起始位置到第4下标位置切片
[1, 2, 3, 4, 5]
>>> L2[3:-1]  # 对列表L2 进行从3位置到倒数第1位置切片,注意不含右边界
[4, 5, 6]
>>> L2[3:]  # 对列表L2 进行从3位置到结束位置切片,注意含右边界
[4, 5, 6, 7]
>>> L2[:]  # 取出列表L2 的全部元素
[1, 2, 3, 4, 5, 6, 7]
>>> L2[:7]  # 取出列表L2 的全部元素,但由于这时使用的边界已经超出定义的范围,虽然没有抛出异常,但要谨慎使用。
[1, 2, 3, 4, 5, 6, 7]
```

(step>0) 表示从 start 索引对应的元素开始每 step 个元素取出来一个,直到取到 end 对应的元素结束(step 默认为 1),且 start<end。例如:

```
>>> L2[:6:2]  # 对列表L2 进行从起始位置到第5位置切片,每隔1个位置取出1个
[1, 3, 5]
>>> L2[:-1:2]  # 对列表L2 进行从起始位置到倒数第1位置切片,注意不含右边界,每隔1个位置取出1个
```

```
[1, 3, 5]
>>> L2[::2]  # 对列表 L2 进行从头到尾，注意含右边界，每隔 1 个位置取出 1 个
[1, 3, 5, 7]
```

(step<0) 表示从 end 索引对应的元素开始每 step 个元素取出来一个，直到取到 start 对应的元素结束，且 start>end，实际是倒序切片。例如：

```
>>> L2[6:0:-2]  # 对列表 L2 进行从第 6 位置到第 0 位置（不含此位置）倒序切片，每隔 1 个位置取出 1 个
[7, 5, 3]
>>> L2[:0:-2]  # 对列表 L2 进行从结束位置到第 0 位置（不含此位置）倒序切片，每隔 1 个位置取出 1 个
[7, 5, 3]
>>> L2[::-1]  # 对列表 L2 倒序
[7, 6, 5, 4, 3, 2, 1]
```

4.1.5 列表拼接

列表拼接有 3 种方法，加号（+）法、extend() 方法和切片法。例如：

```
>>> L1=['a','b','c','d','e','f','g']
>>> L2=[1,2,3,4,5,6,7]
>>> L3=L1+L2  # 加号（+）方法
>>> L3
['a', 'b', 'c', 'd', 'e', 'f', 'g', 1, 2, 3, 4, 5, 6, 7]
>>> L1.extend(L2)  # 利用 extend() 方法，将 L2 的内容追加到 L1 的尾部
>>> L1
['a', 'b', 'c', 'd', 'e', 'f', 'g', 1, 2, 3, 4, 5, 6, 7]
>>> L4=[20,30,40,50]
```

用切片 (slice) 操作，L2[len(L2):len(L2)] = L4 和上面的方法等价。例如：

```
>>> L2[len(L2):len(L2)] = L4  # len() 为列表的测长函数，将 L4 列表插入 L2 列表的尾部
>>> L2
[1, 2, 3, 4, 5, 6, 7, 20, 30, 40, 50]
>>>L2[0:0] = L4  # 将 L4 列表插入 L2 列表的头部
>>> L2
[20, 30, 40, 50, 1, 2, 3, 4, 5, 6, 7, 20, 30, 40, 50]
>>> L2=L2[4:11]  # 利用切片截取部分元素
>>> L2
[1, 2, 3, 4, 5, 6, 7]
>>> L2[2:2] = L4  # 将 L4 列表插入 L2 列表的中间位置
>>> L2
[1, 2, 20, 30, 40, 50, 3, 4, 5, 6, 7]
>>> L2=L2[:-1]  # 将原有的列表去除最后一个元素，重新赋值给 L2
>>> L2
[1, 2, 20, 30, 40, 50, 3, 4, 5, 6]
```

```
>>> L5=['a','b','c','d','e']
>>> L2[::2] = L5# 将L5列表插入L2列表的中间位置，且隔一替一
>>> L2
['a', 2, 'b', 30, 'c', 50, 'd', 4, 'e', 6]
```

4.1.6 列表运算符、函数和方法

表 4.1 所示是列表运算符功能描述。

表 4.1 列表运算符功能描述

运算符	功能描述
x in s	成员运算符，x是列表s中的元素？返回结果为True或False
x not in s	成员运算符，x不是列表s中的元素？返回结果为True或False
s1 is s2	身份运算符，判断两个列表是引用自同一个对象，结果为True或False
s1 is not s2	身份运算符，判断两个列表不是引用自同一个对象，结果为True或False
s+t	拼接列表s和t
s*n 或 n*s	重复s列表n次
s[i]	列表s的第i个元素
s[start:end:setp]	列表切片，取出列表s中从start到end的子序列，且以setp为间隔，setp默认为1

举例如下：

```
>>> L1=['a','b','c','d','e','f','g']
>>> 'a' in L1# 字符串'a'是列表L1 的元素吗？
True
>>> 'Python' in L1# 字符串''Python'是列表L1 的元素吗？
False
>>> 'Python' not in L1# 字符串''Python'不是列表L1 的元素吗？
True
>>> L1*2# 列表L1重复了2次。
['a', 'b', 'c', 'd', 'e', 'f', 'g', 'a', 'b', 'c', 'd', 'e', 'f', 'g']
>>> L2=L1#L2与L1指向同一个列表对象
>>> L1 is L2# 引用的是同一个对象则返回 True
True
>>> L2=['a','b','c','d','e','f','g'] #L2指向另一个列表对象
>>> L1 is not L2# 引用的不是同一个对象则返回 True
True
>>> L1==L2# 虽然L1、L2的引用身份不一样，但它们的值是相等的
True
```

表 4.2 所示是常用列表函数功能描述。

表 4.2 常用列表函数

函数	功能描述
len(s)	给出列表s的总长度
max(s)	从列表中返回最大值的元素
min(s)	从列表中返回最小值的元素
list(seq)	将序列转换为列表

继续上面的函数举例：

```
>>> len(L1)# 测量列表 L1 的长度
7
>>> max(L1)# 求出列表 L1 的最大元素值
'g'
>>> min(L1)  # 求出列表 L1 的最小元素值
'a'
>>> range(10)#range() 函数产生一个 0…9 的序列
range(0, 10)
>>> list(range(10))  # 将由 range() 函数产生一个 0…9 的序列，转化为列表
[0, 1, 2, 3, 4, 5, 6, 7, 8, 9]
```

表 4.3 所示为常用列表方法功能描述。

表 4.3 常用列表方法

方　　法	功　能　描　述
append(obj)	在列表末尾添加新的对象obj
count(obj)	统计某个元素在列表中出现的次数
extend(seq)	在列表末尾一次性追加另一个序列中的多个值（用新列表扩展原来的列表）
index(obj)	从列表中找出某个值第一个匹配项的索引位置
insert(index, obj)	将对象插入列表
pop(index)	移除列表中的一个元素（默认最后一个元素），并且返回该元素的值
remove(obj)	移除列表中某个值的第一个匹配项
reverse()	反向列表中元素
sort([func])	对原列表进行排序，参数有(cmp=None, key=None, reverse=False)
copy()	复制列表
clear()	清空列表，等于del lis[:]

继续上面的方法举例：

```
>>> L2.append(10)      # 向列表 L2 末尾追加 1 个元素 10
>>> L2
[1, 2, 3, 4, 5, 6, 7, 10]
>>> L2.count(5)        # 统计元素 5 在列表中出现的次数
1
>>> L2.extend([3,8])  # 在列表 L2 末尾追加另一个序列 [3,8]
>>> L2
[1, 2, 3, 4, 5, 6, 7, 10, 3, 8]
>>> L2.index(3)        # 从列表 L2 中找出数值 3 第一个匹配项的索引位置
2
>>> L2.insert(4,20)   # 将元素 20 插入列表 L2 的第 4 个元素所在位置
>>> L2
[1, 2, 3, 4, 20, 5, 6, 7, 10, 3, 8]
>>> L2.pop()# 移除列表 L2 中的一个元素（默认最后一个元素），并返回此元素
8
>>> L2
```

```
[1, 2, 3, 4, 20, 5, 6, 7, 10, 3]
>>> L2.pop(8)                    #移除列表L2中的值为8的元素,并返回此元素
10
>>> L2.remove(7)                 #移除列表L2中某个值为7的第一个匹配项
>>> L2
[1, 2, 3, 4, 20, 5, 6, 3]
>>> L2.reverse()                 #将列表L2逆序
>>> L2
[3, 6, 5, 20, 4, 3, 2, 1]
>>> L2.sort()                    #对原列表L2进行排序,默认升序
>>> L2
[1, 2, 3, 3, 4, 5, 6, 20]
>>> L2.sort(reverse=True)        #对原列表L2进行降序排序
>>> L2
[20, 6, 5, 4, 3, 3, 2, 1]
>>> L3=L2.copy()                 #复制列表L2到L3
>>> L3
[20, 6, 5, 4, 3, 3, 2, 1]
>>> L3.clear()                   #清空列表L3
>>> L3
[]
```

4.1.7 列表引用

先来分析下面的代码:

```
>>> list1 = [1,2,5,8,1,8,9]
>>> list2=list1# 通过赋值语句,list2和list1指向同一个列表对象
>>> list2
[1, 2, 5, 8, 1, 8, 9]
>>> list2.append(100)
>>> list2
[1, 2, 5, 8, 1, 8, 9, 100]
>>> list1# list2和list1指向同一个列表对象的引用
[1, 2, 5, 8, 1, 8, 9, 100]
>>> list1 is list2
True
>>> list1 == list2
True
```

在很多计算机程序设计语言中都将等号(=)称为赋值。但在 Python 中,准确地讲,这叫引用,不能叫赋值。可以说 Python 没有变量,也没有赋值,只有引用,把原来的赋值理解成贴标签可能更准确,由于历史习惯,人们依旧读作赋值。上面的代码中,创建了一个列表对象 [1,2,5,8,1,8,9],通过 list1 = [1,2,5,8,1,8,9],给这个列表对象贴上 list1 标签,通过 list1 就能访问到这个列表对象。而后面的 list2=list1,又给列表对象 [1,2,5,8,1,8,9] 贴上了另一个标签

list2，所以 list2 和 list1 是一个列表对象的两个标签，如图 4.3 所示。

继续看下面的代码：

```
>>> list3=list1[:]# 通过切片，复制 list1 引用列表对象的内容
>>> list3
[1, 2, 5, 8, 1, 8, 9, 100]
>>> list1.pop()# 将 list1 的最后一个元素弹出
100
>>> list1
[1, 2, 5, 8, 1, 8, 9]
>>> list2
[1, 2, 5, 8, 1, 8, 9]
>>> list3# 对此对象没有影响
[1, 2, 5, 8, 1, 8, 9, 100]
>>> list1 is list3
False
```

list1[:]是 list1 列表对象的截取片段（这里是全部），语句 list3=list1[:]分为两个动作来实现，先将 list1[:]生成一个新的列表对象，然后通过赋值语句，给这个新的列表对象贴上 list3 标签，很显然，list3 和 list1 没有任何关系，如图 4.4 所示。

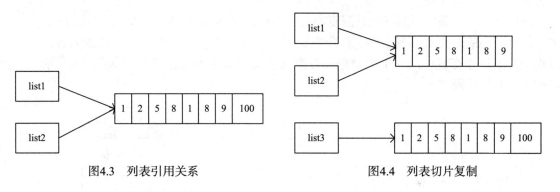

图 4.3 列表引用关系　　　　　　图 4.4 列表切片复制

4.1.8 列表浅复制和深复制

先来分析下面的代码：

```
>>> list1 = [1,2,[5,8,1],8,9]# 创建一个列表对象
>>> list1
[1, 2, [5, 8, 1], 8, 9]
>>> list3=list1[:]                #通过切片，复制 list1 引用列表对象的内容
>>> list3
[1, 2, [5, 8, 1], 8, 9]
>>> list3[2][0]=20                #更改 list3 所指列表对象嵌套的列表对象的第 0 个元素的值
>>> list3
[1, 2, [20, 8, 1], 8, 9]
>>> list1# 为什么会这样？
[1, 2, [20, 8, 1], 8, 9]
```

在4.1.7节，list1[:]是list1列表对象的截取片段，生成一个新的列表对象，给这个新列表对象贴上list3标签，但对于列表嵌套的情况，Python在处理时远比我们想象得要复杂。图4.5所示为list1列表对象的存储结构，list1[2]存储的是对列表[5, 8, 1]的引用，所以在复制list3=list1[:]时，把对列表[5, 8, 1]的引用也同时复制过去了，list3[2][0]=20改变的是列表对象[5, 8, 1]的第0个元素的值，所以list1中也会有反映，这样的复制称为浅复制。

这种情况发生在字典套字典、列表套字典、字典套列表、列表套列表，以及各种复杂数据结构的嵌套中，所以当数据类型很复杂的时候，用浅复制方法就要非常小心。

同样地，使用列表的copy()方法，依旧是浅复制的结果。例如：

```
>>> list2=list1.copy()# 试验一下列表的copy()方法
>>> list2
[1, 2, [20, 8, 1], 8, 9]
>>> list1[2][0]=30
>>> list1# 依旧是浅复制
[1, 2, [30, 8, 1], 8, 9]
>>> list2
[1, 2, [30, 8, 1], 8, 9]
```

在写程序的时候，往往希望复杂的数据结构之间复制时，原数据与副本数据之间没有任何关系，应该怎么办呢？

此处引入一个深复制的概念，深复制——Python的copy模块提供的另一个deepcopy()方法。深复制会完全复制原变量相关的所有数据，在内存中生成一套完全一样的内容，在这个过程中对这两个变量中的一个变量进行任意修改都不会影响其他变量，如图4.6所示。下面来试验一下，代码如下：

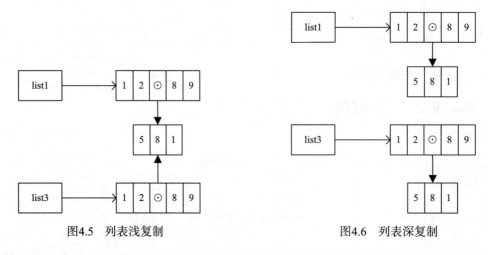

图4.5　列表浅复制　　　　　　　　图4.6　列表深复制

```
>>> import copy# 引入库copy库
>>> list4=copy.deepcopy(list1)# 深度复制
>>> list4
[1, 2, [30, 8, 1], 8, 9]
>>> list4[2][0]='abc'
>>> list4# 观察一下结果
```

```
[1, 2, ['abc', 8, 1], 8, 9]
>>> list1# 观察一下结果，深度复制，完全副本
[1, 2, [30, 8, 1], 8, 9]
```

deepcopy()方法会将复杂对象的每一层复制一个单独的个体出来，即将被复制对象完全再复制一遍作为独立的新个体单独存在。所以改变原有被复制对象不会对已经复制出来的新对象产生影响。

4.1.9 综合应用

范例 4-1 求 $s=a+aa+aaa+aaaa+aa\cdots a$ 的值，其中 a 是一个数字。例如 2+22+222+2222+22222（此时共有 5 个数相加），求和项个数由键盘输入。

【范例分析】
（1）变量 a 接收从键盘输入的一个数（数字只能是 1～9 之间的数）。
（2）变量 n 接收一个数表示累加数的位数。
（3）例如，输入一个 $n=4$（累加数的位数），键盘输入 $a=5$：$s=5+55+555+5555$。
（4）例如，输入一个 $n=5$（累加数的位数），键盘输入 $a=3$：$s=3+33+333+3333+33333$。
（5）关键是计算出每一项的值。

【范例源代码与注释】（文件名 example4_1.py）

```
1   # 累加计算 example4_1.py
2   ls=[]
3   a = int(input('输入1～9之间的数'))
4   n = int(input('输入累加的位数'))
5   sum=0
6   k=0
7   add = a
8   for i in range(n):
9       ls.append(add)
10      add = add*10 + a
11  for x in ls:
12      sum+=x
13      print(x,end='')
14      k+=1
15      if k<n:
16          print('+',end='')
17      else:
18          print('=',end='')
19  print(sum)
```

【程序运行】

保存（example4_1.py）程序，按【F5】快捷键运行程序。在提示光标处输入数据，通过程序运行结果如下：

```
>>>
输入1～9之间的数3
```

```
输入累加的位数 4
3+33+333+3333=3702
```

【范例说明】

程序中有两个关键点：计算每一项的值和输出样式。第 8～10 行，通过循环计算出每一项的值，并把分项值存储在列表中。请读者仔细理解 add = add*10 + a，本次循环 add 的值是上次循环结果 *10 再加上 a。通过第 13、第 15～19 行控制输出样式。

范例 4-2 从一个拥有 N 个元素的列表中，生成一个新的列表，元素的值同时满足以下条件：索引为偶数位上的偶数。

【范例分析】

（1）没有具体指定列表的内容，可以初始化一个固定的列表，也可以随机产生一个列表，此处使用随机函数产生一个列表。

（2）注意要以索引为线索。

（3）生成的新列表只保留偶数。

【范例源代码与注释】（文件名 example4_2.py）

```
1  #得到原列表中偶数位上的偶数 example4_2.py
2  import random
3  ls=[]
4  bs=[]
5  n = int(input('输入列表的长度'))
6  k=0
7  for i in range(n):
8      ls.append(random.randint(1,1000))#随机生成1～1000之间的整数
9  print("原列表是: ",ls)
10 for x in ls:
11     if k%2==0 and x%2==0:
12         bs.append(x)
13     k+=1
14 print("新列表是: ",bs)
```

【程序运行】

按【F5】快捷键运行程序。在提示光标处输入数据，通过程序运行输出。两次输入列表的长度，程序运行结果如下：

```
>>>
===========================RESTART===========================
输入列表的长度10
原列表是： [394, 733, 913, 62, 119, 898, 238, 186, 834, 290]
新列表是： [394, 238, 834]
>>>
===========================RESTART===========================
输入列表的长度20
原列表是： [577, 32, 354, 116, 597, 594, 372, 869, 596, 731, 355, 207, 247, 39, 393, 57, 411, 194, 285, 268]
```

```
新列表是: [354, 372, 596]
```

【范例说明】

程序中利用随机函数产生 1～1000 之间的随机整数，每次运行产生的数据是不一样的。第 10 行的条件语句同时判断索引的偶数位和数据的偶数值。

范例 4-3 有一个 n 个整数的序列，将序列中每个数顺序向后移 m 个位置，原最后的 m 个数移动到序列的前部。

【范例分析】

（1）没有具体指定列表的内容，可以初始化一个固定的列表，也可以随机产生一个列表，此处使用 range() 函数产生一个列表。

（2）注意要以索引为线索。

【范例源代码与注释】（文件名 example4_3_1.py 和 example4_3_2.py）

```
1  # 列表循环平移 m 位 example4_3_1.py(方法 1)
2  num=int(input('输入要生成的列表长度:'))
3  list_a=[x for x in range(num)]# 这里使用推导式，详见 4.5 节
4  m=int(input('要移动的长度:'))
5  print('原列表:',list_a)
6  b=list_a[num-m:]
7  print('需要移动的数:',b)
8  for i in range(num-m):
9      b.append(list_a[i])
10 print('移动后的列表:',b)
```

```
1  # 列表循环平移 m 位 example4_3_2.py(方法 2)
2  num=int(input('输入要生成的列表长度:'))
3  list_a=[x for x in range(num)]
4  m=int(input('要移动的长度:'))
5  print('原列表:',list_a)
6  b=list_a[num-m:]
7  print('需要移动的数:',b)
8  b[m:]=list_a[0:num-m]
9  print('移动后的列表:',b)
```

【程序运行】

按【F5】快捷键分别运行这两个程序。在提示光标处输入数据，两个程序的运行结果如下：

```
>>>
============================RESTART============================
输入要生成的列表长度:10
要移动的长度:4
原列表: [0, 1, 2, 3, 4, 5, 6, 7, 8, 9]
需要移动的数: [6, 7, 8, 9]
移动后的列表: [6, 7, 8, 9, 0, 1, 2, 3, 4, 5]
```

【范例说明】

方法1的第8、第9行通过遍历列表list_a的0~num-m个元素,将其追加到b列表的尾部,方法2的第8行利用列表的切片功能实现了与方法1同样的效果,请思考,还有其他的方法吗?

4.2 元组类型

Python中的元组是不可变序列,元组中的元素用圆括号()括起来,以逗号进行分割。元组与列表类似也是序列结构,同样可通过索引访问,支持异构,任意嵌套。不同之处在于元组的元素不能修改。

4.2.1 元组的创建

元组创建很简单,只需要在括号中添加元素,并使用逗号隔开即可。例如:

```
>>> tup1 = ()               # 创建空元组
>>> tup1 = (50,)            # 创建只包含一个元素的元组时,要在元素的后面跟个逗号
>>> tup1 = ('physics', 'chemistry', 1997, 2000)# 元组的元素可以相同,也可以不同
>>> tup2 = (1, 2, 3, 4, 5 )
>>> tup3 = "a", "b", "c", "d"
>>> tup = (1, 2, 3, 4)
>>> tup[2]
3
>>> tup[3] = "a"# 元组是不可变序列
Traceback (most recent call last):
  File "<pyshell#2>", line 1, in <module>
    tup[3] = "a"
TypeError: 'tuple' object does not support item assignment
```

有些数据一旦创建之后就不允许修改了,这些数据适合用元组来创建,比如主机地址和端口(ip,port)、("192.168.1.1",80),两者捆绑在一起,不允许修改。

4.2.2 访问元组内的元素

元组也是从0开始为它的每一个元素顺序创建下标索引,直到总长度len(list)-1。要访问它的某个元素,以方括号加下标值[index]的方式即可。注意要确保索引不越界,一旦访问的索引超过范围,会抛出异常。所以,一定要记得最后一个元素的索引是len(list)-1,继续上面的操作。代码如下:

```
>>> tup[0]          # 访问元组tup的第0个元素
1
>>> tup1[1]         # 访问元组tup1的第1个元素,输出一个字符串
'chemistry'
>>> tup1[1]         # 访问元组tup1的第-1个元素,也就是倒数第1个元素
2000
>>> tup1[5]         # 元组tup1的最大下标值为3,访问下标范围越界,会抛出异常
Traceback (most recent call last):
```

```
    File "<pyshell#8>", line 1, in <module>
        tup1[5]
IndexError: tuple index out of range
>>> tup2= ('a', 'b', ['A', 'B'])# 在元组内部可以嵌套其他类型的数据作为其元素
>>> tup2
('a', 'b', ['A', 'B'])
>>> tup2[2]
['A', 'B']
```

4.2.3 修改元组元素的值

元组是不可变的,这意味着用户无法更新或更改元组元素的值。例如:

```
tup2= ('a', 'b', ['A', 'B'])
>>> tup2
('a', 'b', ['A', 'B'])
>>> tup2[0]='Python'# 元组是不可变序列,要改变其元素值,抛出异常
Traceback (most recent call last):
    File "<pyshell#13>", line 1, in <module>
        tup2[0]='Python'
TypeError: 'tuple' object does not support item assignment
>>> tup2[2][0]='Python'# 没有抛出异常
>>> tup2
('a', 'b', ['Python', 'B'])
```

元组只保证它的一级子元素不可变,对于嵌套的元素内部,不保证不可变。在使用元组的时候,请尽量使用数字、字符串和元组这种不可变的数据类型作为元组的元素,这样就能确保元组不发生变化。

4.2.4 切片(分片)

由于元组属于序列类型,切片操作原理与列表相同,示例如下,这里不再赘述。

```
>>> tup1 = (1,2,3,4,5,6,7,8,9,10)
>>> tup1[2:5]
(3, 4, 5)
>>> tup1[2:]
(3, 4, 5, 6, 7, 8, 9, 10)
>>> tup1[0:6]
(1, 2, 3, 4, 5, 6)
>>> tup1[:]
(1, 2, 3, 4, 5, 6, 7, 8, 9, 10)
>>> tup1[::2]
(1, 3, 5, 7, 9)
>>> tup1[::-2]
(10, 8, 6, 4, 2)
```

4.2.5 元组拼接

虽然元组元素不可变,但可以将两个元组拼接成为一个新的元组。例如:

```
>>> tup2= ('a', 'b', ['A', 'B'])
>>> tup1 = ('physics', 'chemistry', 1997, 2000)
>>> tup2= ('a', 'b', ['A', 'B'])
>>> tup3=tup1+tup2
>>> tup3
('physics', 'chemistry', 1997, 2000, 'a', 'b', ['A', 'B'])
```

4.2.6 元组运算符、函数和方法

表4.4所示为元组运算符功能描述。

表 4.4 元组运算符功能描述

运算符	功能描述
x in s	成员运算符,x是元组s中的元素吗?返回结果为True或False
x not in s	成员运算符,x不是元组s中的元素吗?返回结果为True或False
s1 is s2	身份运算符,判断两个元组是引用自一个对象,结果为True或False
s1 is not s2	身份运算符,判断两个元组不是引用自一个对象,结果为True或False
s+t	拼接元组s和t
s*n 或n*s	重复s元组n次
s[i]	元组s的第i个元素
s[start:end:setp]	元组切片,取出元组s中从start到end的子序列,且以setp为间隔,setp默认为1

举例:

```
>>> T1=('a','b','c','d','e','f','g')
>>> 'a' in T1              #字符串'a'是元组T1的元素吗?
True
>>> 'Python' in T1         #字符串'Python'是元组T1的元素吗?
False
>>> 'Python' not in T1     #字符串'Python'不是元组T1的元素吗?
True
>>> T1*2                   #元组T1重复了2次。
['a', 'b', 'c', 'd', 'e', 'f', 'g', 'a', 'b', 'c', 'd', 'e', 'f', 'g']
>>> T2=T1                  #T2与T1指向同一个元组对象
>>> T2 is T1               # 引用的是同一个对象则返回 True
True
>>> T2=['a','b','c','d','e','f','g']#T2指向另一个元组对象
>>> T2  is not T1          # 引用的不是同一个对象则返回 True
True
>>> T2==T1                 # 虽然T1、T2的引用身份不一样,但它们的值是相等的,返回 True
True
```

表4.5所示为常用元组函数功能描述。

表 4.5 常用元组函数功能描述

函 数	功 能 描 述
len(s)	给出元组s的总长度
max(s)	从元组中返回最大值的元素
min(s)	从元组中返回最小值的元素
tuple (seq)	将序列转换为元组

举例如下：

```
>>> T1=('a','b','c','d','e','f','g')
>>> len(T1)            # 测量元组 T1 的长度
7
>>> max(T1)            # 求出元组 T1 的最大元素值
'g'
>>> min(T1)            # 求出元组 T1 的最小元素值
'a'
>>> range(10)          #range() 函数产生一个 0…9 的序列
range(0, 10)
>>>T2= tuple(range(10))  # 将由 range() 函数产生一个 0…9 的序列，转化为元组
>>> T2
(0, 1, 2, 3, 4, 5, 6, 7, 8, 9)
```

表 4.6 所示为常用元组方法功能描述。

表 4.6 常用元组方法功能描述

方 法	功 能 描 述
count(obj)	统计某个元素在元组中出现的次数
index(obj)	从元组中找出某个值第一个匹配项的索引位置

继续上面的元组方法举例如下：

```
>>> T2.count(5)  # 统计元素 5 在元组中出现的次数
1
>>> T2.index(3)  # 从元组 T2 中找出数值 3 第一个匹配项的索引位置
2
```

4.2.7 元组引用

先来分析下面的代码。

```
>>> tup1=(1,2,5,8,1,8,9)
>>> tup2= tup1          # 通过赋值语句，tup2 和 tup1 指向同一个元组对象
>>> tup2
(1, 2, 5, 8, 1, 8, 9)
>>> tup2 is tup1        # tup2 和 tup1 指向同一个元组对象的引用
True
>>> tup3=tup1[:]
>>> tup3
```

```
(1, 2, 5, 8, 1, 8, 9)
>>> tup3 is tup1# 由于元组包括修改特性（是指元组每个元素的指向不变），所以返回 True,
这点要区分于列表
True
>>> tup3 == tup1
True
```

元组相比列表要简单得多，它不支持有意修改其元素的操作。尽管引入元组是为了强调数据的不可修改性，但通过下面的举例可以发现，如果元组元素包含列表对象，则这个列表对象的内容还是可以更改的，这就和建造元组的初衷有些违背，不免产生困惑。其实，我们所说的，元组不可修改特性，是指元组的每个元素的指向不可修改，如果要修改元组的元素指向另一个列表是不允许的，但修改列表的内容，则不在限制修改范畴。例如：

```
>>> tup4= ('a', 'b', ['A', 'B'])
>>> tup4[2][0]='Python'
>>> tup4
('a', 'b', ['Python', 'B'])
```

元组存在的意义是什么？因为元组不可变，所以代码更安全。如果可能，能用元组代替列表就尽量用元组。在程序设计时，有些变量的值一经设定，就保持不变，这时最好使用元组，不要使用列表。元组对数据提供了完整性的约束，尤其是后面提到的全局变量。

4.3 字典类型

与前面介绍的列表、元组不同，字典属于一种新的数据类型——映射。映射类型和序列类型根本的区别在于，映射类型的元素是无序的，也就是说，映射没有索引的概念。字典类型引入了"键"和"值"的概念，是一种通过名字或者关键字引用的数据结构，其键可以是数字、字符串、元组，每个键和一个值对应。在字典中不可能出现重复的键。

4.3.1 字典的创建

创建一个字典，只要把逗号分隔的不同键-值（Key-Value）数据项使用花括号 {} 括起来即可，每个键和它的值之间用冒号隔开。字典中的键是唯一的，而值没有这个限制。如果有相同的键，则后面出现的键覆盖前面的。创建字典有 3 种方法。

1. 直接使用花括号和以冒号分隔的键-值组合

```
>>> d = {0: 'zero', 1: 'one', 2 : 'two', 3 : 'three', 4 : 'four', 5: 'five'}
>>> d
{0: 'zero', 1: 'one', 2: 'two', 3: 'three', 4: 'four', 5: 'five'}
>>> d1={}
>>> d1
{}
```

在 Python 中创建字典（dictionary）要使用花括号和以冒号分隔的键-值组合。如果没有提供键-值组合，那么就会创建一个空的 dictionary。使用一个键-值组合，就会创建具有一个元素的 dictionary，以此类推，直至用户需要的任何规模。

前面的示例还演示了关于字典容器的另一个重要问题。键并不限制为整数；它可以是任何不易变的数据类型，包括 integer、float、tuple 或 string。因为 list 是易变的，所以它不能作为字典中的键。但是字典中的值可以是任何数据类型的。

2. 使用 dict() 函数创建字典

```
>>> L1= [(0, 'zero'), (1, 'one'), (2, 'two'), (3, 'three')]#L1 是一个列表，其中元素是具有两个元素的元组
>>> D1=dict(L1)  # 使用 dict() 函数从 L1 得到一个字典
>>> D1
{0: 'zero', 1: 'one', 2: 'two', 3: 'three'}
>>> L2= [[0, 'zero'], [1, 'one'], [2, 'two'], [3, 'three']] #L2 是一个列表，其中元素是具有两个元素的列表
>>> D2=dict(L2)  # 使用 dict() 函数从 L2 得到一个字典
>>> D2
{0: 'zero', 1: 'one', 2: 'two', 3: 'three'}
>>> L3= ((0, 'zero'), (1, 'one'), (2, 'two'), (3, 'three')) #L3 是一个元组，其中元素是具有两个元素的元组
>>> D3=dict(L3)  # 使用 dict() 函数从 L3 得到一个字典
>>> D3
{0: 'zero', 1: 'one', 2: 'two', 3: 'three'}
>>> L4= ([0, 'zero'], [1, 'one'], [2, 'two'], [3, 'three']) #L4 是一个元组，其中元素是具有两个元素的列表
>>> D4=dict(L4)  # 使用 dict() 函数从 L4 得到一个字典
>>> D4
{0: 'zero', 1: 'one', 2: 'two', 3: 'three'}
```

可以看到，创建字典需要键值和数据值，如果没有匹配的键-值对，创建字典就会失败。至于这种键-值的对应关系是以列表形式还是以元组形式，关系不大。

3. 直接提供键到数据值的映射

```
>>> D5= dict(zero=0, one=1, two=2, three=3)# 显式地定义键和与其对应的值
>>> D5
{'two': 2, 'three': 3, 'one': 1, 'zero': 0}
>>> D6= dict(0=zero, 1=one, 2=two, 3=three)# 采用这种方式时对于键不能使用数字
SyntaxError: keyword can't be an expression
```

这种技术允许显式地定义键和与其对应的值。这个方法其实用处不大，因为可以使用花括号完成相同的任务。另外，如前面的例子所示，在采用这种方式时对于键不能使用数字，否则会导致抛出一个异常。

4.3.2 访问字典内的元素

使用键-值（key-value）存储，具有极快的查找速度。举个例子，假设要根据同学的名字查找对应的成绩，如果用 list 实现，需要两个 list。例如：

```
>>> names = ['Michael', 'Bob', 'Tracy']
>>> scores = [95, 75, 85]
>>> i=names.index("Tracy")
>>> scores[i]
85
```

给定一个名字，要查找对应的成绩，得先在 names 中找到对应的位置，再从 scores 取出对应的成绩，list 越长，耗时越长。

如果用 dict 实现，只需要一个"名字""成绩"的对照表，直接根据名字查找成绩，无论这个表有多大，查找速度都不会变慢。用 Python 写一个 dict 如下：

```
>>> d = {'Michael': 95, 'Bob': 75, 'Tracy': 85}
>>> d['Tracy']
85
```

为什么 dict 查找速度这么快？因为 dict 的实现原理和查字典是一样的。假设字典包含了 1 万个汉字，要查某一个字，第一种方法是把字典从第一页往后翻，直到找到想要的字为止，这种方法就是在 list 中查找元素的方法，list 越大，查找越慢。

第二种方法是先在字典的索引表里（比如部首表）查这个字对应的页码，然后直接翻到该页，找到这个字，无论找哪个字，这种查找速度都非常快，不会随着字典大小的增加而变慢。

dict 就是第二种实现方式，给定一个名字，比如 'Michael'，dict 在内部就可以直接计算出 Michael 对应的存放成绩的"页码"，也就是把 95 这个数字存放在内存的地址计算出来，再将值取出，所以速度非常快。

可以猜到，这种键存储方式，在存储的时候，必须根据"键"标记"值"的存放位置，这样，取的时候才能根据"键"直接拿到"值"。

把数据放入 dict 的方法，除了初始化时指定外，还可以通过 key 放入。例如：

```
>>> d['Adam'] = 67
>>> d
{'Bob': 75, 'Michael': 95, 'Adam': 67, 'Tracy': 85}
```

由于一个 key 只能对应一个 value，所以，多次对一个 key 放入 value，后面的值会把前面的值冲掉。例如：

```
>>> d['Jack'] = 90
>>> d
{'Bob': 75, 'Jack': 90, 'Michael': 95, 'Adam': 67, 'Tracy': 85}
>>> d['Jack'] = 100
>>> d
{'Bob': 75, 'Jack': 100, 'Michael': 95, 'Adam': 67, 'Tracy': 85}
```

如果 key 不存在，dict 就会报错。例如：

```
>>> d['Thomas']
Traceback (most recent call last):
  File "<pyshell#14>", line 1, in <module>
```

```
    d['Thomas']
KeyError: 'Thomas'
```

要避免 key 不存在的错误,有两种方法:一种方法是通过 in 判断 key 是否存在;另一种方法是通过 dict 提供的 get 方法,如果 key 不存在,可以返回 None,或者自己指定的 value。注意:返回 None 的时候 Python 的交互式命令行不显示结果。例如:

```
>>> 'Thomas' in d# 判断键值是否存在
False
>>> d.get('Thomas')#get()返回键对应的值,如果键不存在,则返回 None,在交互环境下无显示
>>> d.get('Thomas', -1)# 可以指定默认值,如果键不存在,则返回默认值
-1
```

4.3.3 修改字典的值

修改字典的某个值很简单,只需将新的值分配给适当的键即可。例如:

```
>>> d = {'Michael': 95, 'Bob': 75, 'Tracy': 85}
>>> d['Michael']=90
>>> d
{'Bob': 75, 'Michael': 90, 'Tracy': 85}
>>> d['Jack'] = 90
>>> d
{'Bob': 75, 'Jack': 90, 'Michael': 90, 'Tracy': 85}
```

添加新的键到数据值的映射也很简单,将相关数据分配给新的键 – 值即可。Python 自动进行所有处理。不需要调用 append 这样的特殊方法。对于 dictionary 容器,次序是不重要的,所以这应该好理解,因为不是在字典后面附加映射,而是将它添加到容器中。

4.3.4 删除字典元素

对字典的删除包含 3 个层次,删除字典元素、清空字典和删除字典。

```
>>>  d = {'Michael': 95, 'Bob': 75, 'Tracy': 85}# 创建字典
>>> del d['Michael']# 删除以'Michael'为键的键 – 值对
>>> d
{'Bob': 75, 'Tracy': 85}# 运行结果
>>> d.clear()# 清空字典
>>> d
{}# 运行结果
>>> del d# 删除字典
>>> d   # 字典 d 已经被删除,不存在则会抛出异常
Traceback (most recent call last):
  File "<pyshell#33>", line 1, in <module>
    d
NameError: name 'd' is not defined
```

4.3.5 字典运算符、函数和方法

表 4.7 所示为字典运算符功能描述。

表 4.7 字典运算符功能描述

运算符	功能描述
x in s	成员运算符，x是字典s中的键吗？返回结果为True或False
x not in s	成员运算符，x不是字典s中的键吗？返回结果为True或False
s1 is s2	身份运算符，判断两个字典是引用自一个对象，结果为True或False
s1 is not s2	身份运算符，判断两个字典不是引用自一个对象，结果为True或False
s[key]	以键key访问字典s的值

例如：

```
>>>d = {'Michael': 95, 'Bob': 75, 'Tracy': 85}#创建字典
>>> 'Michael' in d     #成员运算符，判断'Michael'是否为字典d的键
True
>>> d1=d               #d1也指向同一个字典对象
>>> d1
{'Bob': 75, 'Michael': 95, 'Tracy': 85}
>>> d1 is d            #两个字典都指向同一个对象，返回True
True
>>> d2 = {'Michael': 95, 'Bob': 75, 'Tracy': 85}#创建另一个字典
>>> d2 is d            #两个字典不是指向同一个对象，返回False
False
>>> d2 == d            #虽然两个字典不是指向同一个对象，但它们指向对象的值是相等的，返回True
True
```

表 4.8 所示为常用字典函数功能描述。

表 4.8 常用字典函数功能描述

函数	功能描述
len(dict)	计算字典元素个数，即键的总数
str(dict)	将字典转换为字符串，包括字典的形式符号[]
type(variable)	返回输入的变量类型，如果变量是字典就返回字典类型

例如：

```
>>> d = {'Michael': 95, 'Bob': 75, 'Tracy': 85}#创建字典
>>> len(d)             #返回字典的键数
3
>>> str(d)             #将字典以字符串形式输出
"{'Michael': 95, 'Bob': 75, 'Tracy': 85}"
>>> type(d)            #输出对象类型
<class 'dict'>
```

表 4.9 所示是常用字典方法功能描述。

表 4.9 常用字典方法功能描述

方　　法	功　能　描　述
clear()	删除字典内所有元素
copy()	返回一个字典的浅复制
fromkeys(seq[, value])	创建一个新字典，以序列seq中元素做字典的键
get(key, default=None)	返回指定键的值，如果值不在字典中，则返回default值
items()	以列表返回可遍历的(键, 值) 元组对
keys()	以列表返回字典所有的键
values()	以列表返回字典所有的值
pop(key)	删除并返回指定key的值
popitem()	随机删除并返回字典内某个键的值
setdefault(key, default=None)	和get()方法类似，但如果键不存在于字典中，将会添加键并将值设为default
update(dict2)	把字典dict2的键-值对更新到dict里

表 4.9 中列出了字典的重要内置方法。其中 get、items、keys 和 values 是核心中的核心，读者必须熟练掌握。

1. copy() 方法

例如：

```
>>> book={"name":"Python","ISBN":"978704-123456-1","author":["A","B","C"]}# 创建字典
>>> book
{'author': ['A', 'B', 'C'], 'ISBN': '978704-123456-1', 'name': 'Python'}
>>> book1=book.copy()# 复制一个新的字典
>>> book1
{'author': ['A', 'B', 'C'], 'ISBN': '978704-123456-1', 'name': 'Python'}
>>> book1["ISBN"]="978704-123456-2"    # 修改 ISBN 键的值为 "978704-123456-2"
>>> book1                         # 修改结果
{'author': ['A', 'B', 'C'], 'ISBN': '978704-123456-2', 'name': 'Python'}
>>> book                          # 样本没有被修改
{'author': ['A', 'B', 'C'], 'ISBN': '978704-123456-1', 'name': 'Python'}
>>> book1["author"].append('D')# 追加一个作者
>>> book1                         # 副本的结果
{'author': ['A', 'B', 'C', 'D'], 'ISBN': '978704-123456-2', 'name': 'Python'}
>>> book                          # 样本的结果
{'author': ['A', 'B', 'C', 'D'], 'ISBN': '978704-123456-1', 'name': 'Python'}
```

分析一下，上面的代码都发生了什么。字典 book1 是通过 copy() 方法，从 book 复制而来的一个新的字典，它们指向的不是同一个对象，所以在 book1 中修改键 'ISBN' 的值为 '978704-123456-2' 时，没有影响 book 键 'ISBN' 的值，仍为 '978704-123456-1'。但是，当向 book1 的键 'author'，追加一个作者 'D' 时，book 中的键 'author' 值也出现了 'D'，为什么？请读者参考 4.1.8 节，对于浅复制，如果被复制的对象是不可变类型，则新生成的对象与样本没有任何瓜葛；如果被复制的对象是可变类型（如列表），则新生成的对象仍然复制了一个对这个列表的引用。引用的概念前面已经介绍过，这里不再重复。

2. fromkeys () 方法

例如：

```
>>> seq = ('name', 'age', 'sex')
>>> dict = dict.fromkeys(seq)# 以序列 seq 中元素做字典的键，创建一个新字典
>>> dict
{'age': None, 'name': None, 'sex': None}
>>> dict1 = dict.fromkeys(seq,10)# 创建字典时，给出默认值
>>> dict1
{'age': 10, 'name': 10, 'sex': 10}
```

3. get(key, default=None) 方法

返回指定键的值，如果值不在字典中返回默认值，没有指定默认值，则返回 None。例如：

```
>>>d = {'Michael': 95, 'Bob': 75, 'Tracy': 85}# 创建字典
>>> d.get('Tracy')
85
>>> d.get('Marli',-1)# 返回默认值
-1
```

4. items() 方法

以列表返回可遍历的 (键，值) 元组对。例如：

```
>>>d = {'Michael': 95, 'Bob': 75, 'Tracy': 85}# 创建字典
>>> d.items()
dict_items([('Michael', 95), ('Bob', 75), ('Tracy', 85)])
```

5. keys() 方法

以列表返回字典所有的键。例如：

```
>>>d = {'Michael': 95, 'Bob': 75, 'Tracy': 85}# 创建字典
>>> d.keys()
dict_keys(['Michael', 'Bob', 'Tracy'])
```

6. values() 方法

以列表返回字典所有的值。例如：

```
>>>d = {'Michael': 95, 'Bob': 75, 'Tracy': 85}# 创建字典
>>> d.values()
dict_values([95, 75, 85])
```

7. pop(key) 方法

删除并返回指定键的值。例如：

```
>>>d = {'Michael': 95, 'Bob': 75, 'Tracy': 85}# 创建字典
>>> d.pop("Tracy")# 删除键 "Tracy" 及其值 85
85
>>> d
{'Michael': 95, 'Bob': 75}
```

8. popitem() 方法

随机删除并返回字典内某个键的值。例如：

```
>>>d = {'Michael': 95, 'Bob': 75, 'Tracy': 85}# 创建字典
>>> d.popitem()# 随机删除一个键 - 值
('Michael', 95)
>>> d
{'Bob': 75, 'Tracy': 85}
```

9. setdefault(key, default=None) 方法

这个方法有两个功能，其一是查找，其二是添加。当查找键值存在时，返回其值；当查找键不存在时，则将其添加到字典中。例如：

```
>>>d = {'Michael': 95, 'Bob': 75, 'Tracy': 85}# 创建字典
>>> d.setdefault('Bob')# 键 'Bob'，存在于字典中，则返回其值
75
>>> d.setdefault('Mary') # 键 'Mary'，不存在于字典中，则将其添加到字典中，默认值 None
>>> d
{'Mary': None, 'Bob': 75, 'Tracy': 85}
```

10. update(dict2) 方法

把字典 dict2 的键 - 值更新到 dict 里。存在两种情况，字典 dict2 的键 - 值在 dict 里没有，则增加到 dict 里；如果有，则更新成 dict2 的键 - 值。例如：

```
>>> d = {'Michael': 95, 'Bob': 75, 'Tracy': 85}# 创建字典
>>> d1={'Mary':60}# 创建字典
>>> d2={'Mary':100}# 创建字典
>>> d.update(d1)# 此时在字典 d 中不存在 'Mary':100 键 - 值，则将其加入到 d 中
>>> d
{'Michael': 95, 'Mary': 60, 'Bob': 75, 'Tracy': 85}
>>> d.update(d2) # 此时在字典 d 中存在 'Mary':100 键 - 值，则将其值改为 100
>>> d
{'Michael': 95, 'Mary': 100, 'Bob': 75, 'Tracy': 85}
```

4.3.6 字典的遍历

由于字典本身是无序的，所以遍历字典获得的键 - 值是随机无序的。例如：

```
>>> d = {'Michael': 95, 'Bob': 75, 'Tracy': 85}# 创建字典
# 1  直接遍历字典获取键，根据键取值
>>> for key in d:
print(key, d[key])
Michael 95
Bob 75
Tracy 85
# 2  利用 items 方法获取键 - 值，速度很慢，少用
>>> for key,value in d.items():
print(key,value)
```

```
Michael 95
Bob 75
Tracy 85
#3  利用 keys 方法获取键
>>> for key in d.keys():
print(key, d[key])
Michael 95
Bob 75
Tracy 85
#4  利用 values 方法获取值，但无法获取对应的键
>>> for value in d.values():
print(value)
95
75
85
```

4.3.7 综合应用

范例 4-4 按照字母表"abcdefghijklmnopqrstuvwxyz"，随机挑选 2 个字母组成字符串，共挑选 100 个降序输出所有不同的字符串及重复的次数。

【范例分析】

（1）用随机函数 randint(0,25) 产生一个介于 0~25 之间的整数作为字母表的索引值，得到对应的字母，进而通过循环构成字符串。

（2）字典是键-值关系，以 2 个字母的字符串作为字典的键值，向字典追加新的键-值用 get() 方法。

（3）由于追加的数据来源于列表，还要对列表进行遍历。

【范例源代码与注释】（文件名 example4_4.py）

```
1   #按照字母表随机挑选2个字母组成100个字符串，输出所有不同的字符串及重复的次数
2   #example4_4.py
3   import random
4   dict1={}
5   alphabet='abcdefghijklmnopqrstuvwxyz'
6   for i in range(100):
7       s=''
8       for j in range(2):
9           s=s+alphabet[random.randint(0,25)]
10      dict1[s]=dict1.get(s,0)+1
11  for key in dict1:
12      print("{} 出现的次数：{}".format(key,dict1[key]))
```

【程序运行】

按【F5】快捷键运行程序。在提示光标处输入数据，通过程序运行输出，运行结果略去。

【范例说明】

（1）random.randint(0,25) 随机产生一个 0~25 之间的整数。

(2) s=s+alphabet[random.randint(0,25)] 将随机产生的整数作为列表 alphabet 的索引值,得到对应的字母,然后将其追加到字符串 s 的尾部。

(3) dict1[s]=dict1.get(s,0)+1,当新得到的字符串在字典中不存在时,则将其作为键加入到字典中,且值为 1;当新得到的字符串在字典中已存在时,则取出原值再加 1,然后回存。

范例 4-5 随机从范围 [-10,10] 中取出 20 个数,升序打印所有不同数字及其出现次数。

【范例分析】

(1) 字典是键-值关系,以列表的元素作为键,出现次数作为值,构成键-值。

(2) 向字典追加新的键-值对使用 get() 方法,得到键的值。

(3) 对字典进行遍历,输出键-值对。

【范例源代码与注释】(文件 example4_5.py)

```
1   #随机产生20个数,升序打印所有不同数字及其出现次数 example4_5.py
2   import random
3   d={}
4   lst=[random.randint(-10,10) for i in range(20)]
5   for j in lst:
6       d[j]=d.get(j,0)+1
7   print("随机产生数据: ",d)
8   print("升序输出数据: ")
9   for key in sorted(d.keys()):
10      print("{:3} 出现 {} 次".format(key,d[key]))
```

【程序运行】

按【F5】快捷键运行程序。在提示光标处输入数据,通过程序运行,运行结果如下:

```
>>>
============================RESTART============================
随机产生数据: {1: 2, 3: 2, 4: 2, 5: 1, 6: 1, 8: 2, 9: 3, -9: 2, -5: 1, -4: 1, -3: 1, -2: 2}
升序输出数据:
 -9 出现 2 次
 -5 出现 1 次
 -4 出现 1 次
 -3 出现 1 次
 -2 出现 2 次
  1 出现 2 次
  3 出现 2 次
  4 出现 2 次
  5 出现 1 次
  6 出现 1 次
  8 出现 2 次
  9 出现 3 次
```

【范例说明】

(1) 第 4 行推导式产生一个由 -10~10 之间的 20 个整数。

（2）第9行的 sorted(d.keys()) 取出字典 d 的键后按升序排序。

范例 4-6 读入一段文字，内容为英文文章，输出其中出现最多的单词（仅输入单词，不计算标点符号，同一个单词的大小写形式合并计数），统一以小写输出。

【范例分析】

（1）词频统计是很多软件常见的功能，比如 Word 文字处理软件。

（2）被统计的文章可以来源于输入的字符串，或者某个文件，为简化起见这里使用固定的字符串。

（3）分离英文单词需要用到 split() 函数，请读者参考 Python 的相关资料。

（4）把分离出的单词及其出现次数存入字典，单词为键，次数为值，构成键-值。

（5）为了找到出现次数最多的单词，先把字典转化为列表，再对列表以单词出现次数值进行排序。

（6）如果要处理中文，则需要使用 jieba 库，请参考后续章节。

【范例源代码与注释】（文件名 example4_6.py）

```
1   # 单词统计练习 example4_6.py
2   g="this is a python and Python"
3   g=g.lower()
4   cs={}
5   g_list=g.split(' ')
6   for k in g_list:
7       if k in cs:
8           cs[k]=cs[k]+1
9       else:
10          cs[k]=1
11  items=list(cs.items())
12  items.sort(key=lambda x:x[1],reverse=True)
13  word,count=items[0]
14  print("单词出现最多是： "+str(word)+" 出现的次数为： "+str(count))
```

【程序运行】

按【F5】快捷键运行程序。在提示光标处输入数据，通过程序运行，运行结果如下：

```
>>>
===========================RESTART===========================
单词出现最多是： python 出现的次数为： 2
```

【范例说明】

（1）第5行 g.split(' ') 将字符串以空格为分隔符分解生成列表。

（2）第11行 list(cs.items()) 将字典内容取出，生成一个由字典的键-值对组成的二元组列表。

（3）第12行的 key=lambda x:x[1] 含义是在对列表进行排序时以二元组的 [1] 索引进行降序排序。

4.4 集合类型

集合 set 是一个无序不重复元素的集，基本功能包括关系测试和消除重复元素。集合也使用大括号 {} 框定元素，并以逗号进行分隔。但是需注意：如果要创建一个空集合，必须用 set() 而不是 {}，因为后者创建的是一个空字典。集合在形式上与字典有很多相似之处，要注意区分。

4.4.1 集合的创建

可以使用大括号 {} 或者 set() 函数创建集合，集合不可以放入可变对象。例如：

```
>>>s={'Michael', 'Bob', 'Tracy'}#创建集合
>>> s
{'Tracy', 'Bob', 'Michael'}
>>> s1=set()#创建空集合
>>> s1
set()
>>> s2=set([1,2,5,3,5,3])#从列表创建集合，重复元素被去除
>>> s2
{1, 2, 3, 5}
>>> s3={'Michael', 'Bob', ['Tracy','Mary']}#创建集合，集合的元素必须是不可变对象，否则，抛出异常
Traceback (most recent call last):
  File "<pyshell#6>", line 1, in <module>
    s3={'Michael', 'Bob', ['Tracy','Mary']}#创建集合
TypeError: unhashable type: 'list'
>>> s3=set((1,2,5,3,5,3))  #从元组创建集合，重复元素被去除
>>> s3
{1, 2, 3, 5}
>>> s4=set("Hello")#从字符串创建集合，如果有重复元素被去除
>>> s4
{'H', 'e', 'l', 'o'}
```

4.4.2 集合运算符号、函数和方法

表 4.10 所示为集合运算符功能描述。

表 4.10 集合运算符功能描述

运算符	功能描述
-	差集，相对补集
&	交集
|	合集，并集
^	对称差集（项在t或s中，但不会同时出现在二者中）
==	等于
!=	不等于
x in s	成员运算符，x是集合s中的元素吗？返回结果为True或False

续表

运算符	功能描述
x not in s	成员运算符，x不是集合s中的元素吗？返回结果为True或False
s1 is s2	身份运算符，判断两个集合是引用自一个对象，结果为True或False
s1 is not s2	身份运算符，判断两个集合不是引用自一个对象，结果为True或False

例如：

```
>>> s1=set("abcd")
>>> s2=set('cdefg')
>>> print(s1-s2)#差集
{'b', 'a'}
>>> print(s1&s2)#交集
{'d', 'c'}
>>> print(s1|s2)#并集
{'b', 'e', 'a', 'f', 'd', 'c', 'g'}
>>> print(s1^s2)#对称差集，即将同时出现在两个集合中的元素去掉
{'e', 'b', 'a', 'f', 'g'}
>>> s3=set("abcd")#创建集合s3，取值与s1相同
>>> s1 is s3#两个集合不是指向同一个对象，返回False
False
>>> s1 == s3#虽然两个集合不是指向同一个对象，但它们的值是相等的，返回True
True
>>> 'a' in s1#字符串'a'是集合s1的一个元素，返回True
True
```

表4.11所示为常用集合函数功能描述。

表4.11 常用集合函数功能描述

函数	功能描述
len()	返回集合的长度（元素个数）
max()	返回集合中的最大项
min()	返回集合中的最小项

例如：

```
>>> len(s1)#集合测长
4
>>> max(s1)#集合最大元素，数值型数据取其值比较，字符型数据，按照编码顺序比较
'd'
>>> min(s1)
'a'
```

表4.12所示为常用集合方法功能描述。

表4.12 常用集合方法功能描述

方法	功能描述
add()	向集合中添加元素

续表

方　　法	功　能　描　述
clear()	清空集合
copy()	返回集合的副本
pop()	删除并返回任意的集合元素（如果集合为空，会引发异常）
remove()	删除集合中的一个元素（如果元素不存在，会引发异常）
discard()	删除集合中的一个元素（如果元素不存在，则不执行任何操作）
intersection()	将两个集合的交集作为一个新集合返回
union()	将集合的并集作为一个新集合返回
difference()	将两个或多个集合的差集作为一个新集合返回
symmetric_difference()	将两个集合的对称差作为一个新集合返回（两个集合合并删除相同部分，其余保留）
update()	用自己和另一个的并集来更新这个集合

1. add() 方法

向集合中添加元素。例如：

```
>>> s = {1, 2, 3, 4, 5, 6}
>>> s.add("s")
>>> s
{1, 2, 3, 4, 5, 6, 's'}
```

2. clear() 方法

清空集合。例如：

```
>>> s = {1, 2, 3, 4, 5, 6}
>>> s
{1, 2, 3, 4, 5, 6}
>>> s.clear()  #清空集合
>>> s
set()
```

3. copy() 方法

返回集合的副本。例如：

```
>>> s = {1, 2, 3, 4, 5, 6}
>>> s1=s.copy()
>>> s1
{1, 2, 3, 4, 5, 6}
```

4. pop() 方法

删除并返回任意的集合元素（如果集合为空，则会引发异常）。例如：

```
>>> s = {1, 2, 3, 4, 5, 6}
>>> s.pop()  #随机删除
1
>>> s
{2, 3, 4, 5, 6}
```

5. remove() 方法

删除集合中的一个元素（如果元素不存在，则会引发异常）。例如：

```
>>> s = {1, 2, 3, 4, 5, 6}
>>> s.remove(5) #删除集合中的指定元素
>>> s
{1, 2, 3, 4, 6}
```

6. discard() 方法

删除集合中的一个元素（如果元素不存在，则不执行任何操作）。例如：

```
>>> s = {1, 2, 3, 4, 5, 6}
>>> s.discard(3)  #删除集合中的指定元素
>>> s
{1, 2, 4, 5, 6}
>>> s.discard(30) #删除集合中的指定元素，如果其不存在，则此语句被忽略
>>> s
{1, 2, 4, 5, 6}
```

7. intersection() 方法

将两个集合的交集作为一个新集合返回。例如：

```
>>> s = {1, 2, 3, 4, 5, 6}
>>> s2 = {3, 4, 5, 6, 7, 8}
>>> s.intersection(s2)
{3, 4, 5, 6}
>>> s&s2     # 可以达到相同的效果
{3, 4, 5, 6}
```

8. union() 方法

将集合的并集作为一个新集合返回。例如：

```
>>> s = {1, 2, 3, 4, 5, 6}
>>> s2 = {3, 4, 5, 6, 7, 8}
>>> print(s.union(s2))
{1, 2, 3, 4, 5, 6, 7, 8}
>>> print(s|s2)    # 用 | 可以达到相同效果
{1, 2, 3, 4, 5, 6, 7, 8}
```

9. difference() 方法

将两个或多个集合的差集作为一个新集合返回。例如：

```
>>> s = {1, 2, 3, 4, 5, 6}
>>> s2 = {3, 4, 5, 6, 7, 8}
>>> print("差集:",s.difference(s2))           #去除s中在s2中存在的元素
差集: {1, 2}
>>> print("差集:",s2.difference(s))           #去除s2中在s中存在的元素
差集: {8, 7}
```

```
>>> print("差集:",s - s2)                    # 符号 - 可以达到相同结果
差集: {1, 2}
>>> print("差集:",s2 - s)                    # 符号 - 可以达到相同结果
差集: {8, 7}
```

10. symmetric_difference() 方法

将两个集合的对称差作为一个新集合返回（两个集合合并删除相同部分，其余保留）。例如：

```
>>> s = {1, 2, 3, 4, 5, 6}
>>> s2 = {3, 4, 5, 6, 7, 8}
>>> s.symmetric_difference(s2) # 删除两个集合中共有的元素，然后将其合并成一个新的集合
{1, 2, 7, 8}
>>> s^s2# 符号 ^ 可以达到相同结果
{1, 2, 7, 8}
```

11. update() 方法

用自己和另一个的并集来更新这个集合。例如：

```
>>> s = {1, 2, 3, 4, 5, 6}
>>> s.update("Hello")
>>> s
{1, 2, 3, 4, 5, 6, 'H', 'l', 'o', 'e'}
>>> s.update(["python"])
>>> s
{1, 2, 3, 4, 5, 6, 'H', 'l', 'o', 'e', 'python'}
>>> s.update(["python","java"])
>>> s
{1, 2, 3, 4, 5, 6, 'H', 'l', 'o', 'e', 'java', 'python'}
```

4.4.3 集合的遍历

由于集合本身是无序的，所以遍历集合顺序也是随机无序的。例如：

```
>>> s = {1, 2, 3, 4, 6, 5, 4.5}
>>> for item in s:
    print(item)
1
2
3
4
4.5
5
6
```

4.4.4 综合应用

范例 4-7 随机产生 2 组各 10 个数字的列表，要求如下：每个数字取值范围 [−10,10]，统计 20 个数字中，一共有多少个不同的数字？2 组数字中，不重复的有几个？分别是什么？

2组数字中,重复的有几个?分别是什么?

【范例分析】

(1)利用第三方库 random,产生随机数并存入列表中。

(2)利用集合中元素不能重复的性质,回答第一个问题。

(3)利用集合的对称差集,得到不重复数字。

(4)利用集合的交集,得到重复数字。

(5)在集合运算时可以使用运算操作符,也可以使用集合方法。

【范例源代码与注释】(文件名 example4_7.py)

```
1  # 集合练习 example4_7.py
2  import random
3  lst1=list(random.randint(-10,10) for i in range(10))
4  lst2=list(random.randint(-10,10) for i in range(10))
5  print("生成的列表1: ",lst1)
6  print("生成的列表2: ",lst2)
7  s1=set(lst1)
8  s2=set(lst2)
9  print("两个列表中有{}个数字,分别是{}: ".format(len(s1.union(s2)),s1.union(s2)))
10 print("两个列表中有{}个不重复数字,分别是{}: ".format(len(s1^s2),s1^s2))
11 print("两个列表中有{}个重复数字,分别是{}: ".format(len(s1&s2),s1&s2))
```

【程序运行】

按【F5】快捷键运行程序。在提示光标处输入数据,通过程序运行,运行结果如下:

```
>>>
生成的列表1: [-8, 1, -4, -3, 10, 9, -6, 9, 3, -5]
生成的列表2: [9, 8, 0, -9, -3, -7, 4, -6, -2, 6]
两个列表中有16个数字,分别是{0, 1, 3, 4, 6, 8, 9, 10, -9, -8, -7, -6, -5, -4, -3, -2}:
两个列表中有13个不重复数字,分别是{0, 1, 3, 4, 6, 8, 10, -9, -8, -7, -5, -4, -2}:
两个列表中有3个重复数字,分别是{9, -6, -3}:
```

范例 4-8 某幼儿园举办运动会,设有三个项目,分别是20米跑、丢沙包、套圈,编程统计三个项目都参加的、只参加两个项目及只参加一个项目的名单。

【范例分析】

(1)设置三个集合,分别存放三个项目的运动员名单。

(2)三个项目都参加的名单,是三个集合的交集。

(3)只参加两个项目的名单,是两两集合交集的并集,再与第2步的结果做对称差集,去除三项都参加的运动员。

(4)只参加一个项目的名单,是三个集合的并集得到全体运动员,与第2步的结果做对称差集,去除三项都参加的运动员,然后再与第3步的结果做对称差集,去除参加两项的运动员。

【范例源代码与注释】(文件名 example4_8.py)

```
1  # 集合练习 example4_8.py
```

```
2   Run=set()
3   Sandbag=set()
4   Ring=set()
5   count=eval(input("请输入20米跑的报名人数："))
6   for i in range(count):
7       name=input("输入第"+str(i+1)+"个人的名字：")
8       Run.add(name)
9   count=eval(input("请输入丢沙包的报名人数："))
10  for i in range(count):
11      name=input("输入第"+str(i+1)+"个人的名字：")
12      Sandbag.add(name)
13  count=eval(input("请输入套圈的报名人数："))
14  for i in range(count):
15      name=input("输入第"+str(i+1)+"个人的名字：")
16      Ring.add(name)
17  three=Run&Sandbag&Ring
18  two=((Run&Sandbag)|(Sandbag&Ring)|(Run&Ring))^three
19  one=(Run|Sandbag|Ring)^two^three
20  print("只参加一项运动的名单：",one)
21  print("只参加两项运动的名单：",two)
22  print("参加三项运动的名单：",three)
```

【程序运行】

按【F5】快捷键运行程序。在提示光标处输入数据，通过程序运行，运行结果如下：

```
请输入20米跑的报名人数：4
输入第1个人的名字：常姝姝
输入第2个人的名字：李家演
输入第3个人的名字：胡方圆
输入第4个人的名字：马子涵
请输入丢沙包的报名人数：4
输入第1个人的名字：常姝姝
输入第2个人的名字：胡方圆
输入第3个人的名字：李彤
输入第4个人的名字：莫健元
请输入套圈的报名人数：4
输入第1个人的名字：李家演
输入第2个人的名字：胡方圆
输入第3个人的名字：莫健元
输入第4个人的名字：李彦达
只参加一项运动的名单：  {'李彤','马子涵','李彦达'}
只参加两项运动的名单：  {'常姝姝','莫健元','李家演'}
参加三项运动的名单：  {'胡方圆'}
```

4.5 推导式

Python 语言有一种独特的推导式语法,可以帮你在某些场合写出比较精简的代码。这样的语法称为"语法糖"。通常来说,"语法糖"能够增加程序的可读性,使得代码更简洁流畅,方便程序员使用。但没有它,也不会有太多的影响。推导式(comprehension)提供了一种优雅的生成列表、字典、集合的方法,能用一行代码代替十几行代码,不仅不损失任何可读性,而且性能还快很多。来看下面一个例子:

```
>>> ls=[]
>>> for x in range(20):
        if x%2==0 :
            ls.append(x)
>>> print(ls)
[0, 2, 4, 6, 8, 10, 12, 14, 16, 18]
```

range() 函数生成 0 ~ 19 的 20 个序列,只把序列中偶数存入到列表中,再看下面的例子:

```
>>> ls=[x for x in range(20) if x%2==0 ]
>>> print(ls)
[0, 2, 4, 6, 8, 10, 12, 14, 16, 18]
```

这种书写形式就是 Python 语言的推导式,语法如下:

```
[expression for iter_var in iterable1]
[expression for iter_var in iterable1 if condition]
[expression for iter_var2 in iterable2 … for iter_varN in iterableN]
```

4.5.1 无过滤条件的推导式

每个推导式都可以重写为 for 循环,但不是每个 for 循环都能重写为推导式。来分析下面的语法:

```
[expression for iter_var in iterable1]
```

由两部分组成,第一部分是表达式 expression,第二部分是一个迭代 for iter_var in iterable1。对应于 for 循环。

```
for iter_var in iterable1:
    expression
```

例如:

```
>>> ls=[]
>>> for x in range(10):
        ls.append(x*x)
>>> print(ls)
[0, 1, 4, 9, 16, 25, 36, 49, 64, 81]
```

也可以这样表示:

```
>>> ls=[x*x for x in range(10) ]
>>> print(ls)
[0, 1, 4, 9, 16, 25, 36, 49, 64, 81]
```

推导式要这么理解,首先执行 for 循环,对于每一个 x,代入 x*x 中进行运算,将运算结果逐一添加到一个新列表内,循环结束,得到最终列表。

推导式不仅可以应用于列表,也可以应用于字典和集合。

```
>>> dic = {x: x**2 for x in (2, 4, 6)}# 迭代对象可以是一个序列
>>> type(dic)
<class 'dict'>
>>> dic
{2: 4, 4: 16, 6: 36}
```

也可以把字典当作迭代的对象。例如:

```
>>> dic = {"k1":"v1","k2":"v2"}
>>> a = [k+":"+v for k,v in dic.items()]# 以字典作为迭代对象,生成列表
>>> a
['k1:v1', 'k2:v2']
```

集合推导式。例如:

```
>>> s={x*x for x in range(10) }
>>> type(s)
<class 'set'>
>>> s
{0, 1, 64, 4, 36, 9, 16, 49, 81, 25}
```

4.5.2 有过滤条件的推导式

有过滤条件的推导式增加了过滤条件,语法如下:

```
[expression for iter_var in iterable1 if condition]
```

举例说明:

```
>>> lst = [1, 3, 5, 8, 10]
>>> LL = [x+x for x in lst if x <= 5]
>>> LL
[2, 6, 10]
```

等于字典、集合处理方法相同,这里不再赘述。

4.5.3 嵌套推导式

嵌套推导式对应于二重循环或多重循环,情况较为复杂。
举例说明,实现两个字符串的字母全排列。

```
>>> ls=[]
>>> for m in 'ABCD':# 外层迭代
    for n in 'abcd':# 内层迭代
```

```
        ls.append(m+n)
>>> ls
['Aa', 'Ab', 'Ac', 'Ad', 'Ba', 'Bb', 'Bc', 'Bd', 'Ca', 'Cb', 'Cc', 'Cd',
'Da', 'Db', 'Dc', 'Dd']
```

用推导式实现。例如:

```
>>> ls = [m+n for m in 'ABCD' for n in 'abcd']#注意内外层迭代的位置关系
>>> ls
['Aa', 'Ab', 'Ac', 'Ad', 'Ba', 'Bb', 'Bc', 'Bd', 'Ca', 'Cb', 'Cc', 'Cd',
'Da', 'Db', 'Dc', 'Dd']
```

范例 4-9 有两个列表分别存放书籍的名称和单价,编写程序以两个列表数据为基础生成一个字典,书名为键,单价为值。

```
Title=['C++','Visual Basic','java','Python','PROLOG']
Unit_Price=[58,60,85,45,90]
```

【范例分析】

(1) 要组成字典,首先要将两个列表的对应位置元素组合起来,这里使用 Python 的 zip() 函数。zip() 函数用于将可迭代的对象作为参数,将对象中对应的元素打包成一个个元组,然后返回由这些元组组成的列表。如果各个迭代器的元素个数不一致,则返回列表长度与最短的对象相同,利用 "*" 号操作符,可以将元组解压为列表。

(2) 再次迭代由 zip() 函数得到的中间结果,组成字典。

【范例源代码与注释】(文件名 example4_9.py)

```
1  #两个列表生成字典 example4_9.py
2  Title=['C++','Visual Basic','java','Python','PROLOG']
3  Unit_Price=[58,60,85,45,90]
4  dict={key:value for key,value in zip(Title,Unit_Price)}
5  print(dict)
```

【程序运行】

按【F5】快捷键运行程序。在提示光标处输入数据,通过程序运行,运行结果如下:

```
>>>
{'Python': 45, 'Visual Basic': 60, 'java': 85, 'PROLOG': 90, 'C++': 58}
```

课后练习

1. 有如下值集合 [11,22,33,44,55,66,77,88,99,100,110,200,230,330],将所有大于 66 的值保存至字典的第一个 key 中,将等于小于 66 的值保存至第二个 key 中。即为:'k1': [77, 88, 99, 100, 110, 200, 230, 330], 'k2': [11, 22, 33, 44, 55, 66]。编写一程序实现分组。

2. 现有商品列表如下。

products =[['Iphone8',6888],['MacPro',14800], [' 小 米 6',2499],['Coffee',31],['Book',80],['Nike

Shoes',799]]，编写程序，打印出以下样式。

```
------- 商品列表 --------
0. Iphone8              6888
1. MacPro               14800
2. 小米6                2499
3. Coffee               31
4. Book                 80
5. Nike Shoes           799
```

3. 有一列表 [1,2,3,4…100]，编写程序将其分解为 [[1,2,3,4],[5,6,7,8]…[97,98,99,100]]。

4. 数字1、2、3、4能组成多少个互不相同且无重复数字的三位数？各是多少？请编程实现。

5. 编写程序，生成一个包含50个随机整数的列表，然后删除其中所有奇数。（提示：从后向前删）

6. 已知字符串 a = "aAsmr3idd4bgs7Dlsf9eAF"，编写程序，要求如下。

（1）将a字符串的大写改为小写，小写改为大写。

（2）将a字符串的数字取出，并输出成一个新的字符串。

（3）统计a字符串出现的每个字母的出现次数（忽略大小写，a与A是同一个字母），组成一个字典并输出。例如 {'a':4,'b':2}。

（4）去除a字符串多次出现的字母，仅留最先出现的一个。

第 5 章

函　　数

本章将介绍如何编写函数。函数是带有名字的一段代码，用于完成一些具体的工作。在程序中可以调用函数，来完成函数所定义的要执行的任务。需要在程序中多次执行同一个任务时，定义函数后，无须再反复编写该任务的代码，而只是在需要的时候调用所定义的函数即可。通过使用函数，程序的编写、阅读、测试和调试都将变得更加清晰和容易。

本章重点知识

- 函数的概念
- 函数的声明和定义的一般形式
- 函数的参数和返回值
- 函数的嵌套调用、递归调用
- 变量的作用域
- 使用函数进行程序设计的方法

5.1 函数的作用

首先通过一个例子具体看一下 Python 中函数的定义和调用的具体过程。

范例 5-1 求多边形面积。

【范例分析】

已知多边形各条边和对角线的长度，计算多边形的面积，如图 5.1 所示。计算多边形的面积，可以将多边形分解拆分成多个三角形，已知三角形各条边的长度分别为 x、y、z，如图 5.2 所示，其面积可以由以下公式计算得到。

$$S = \sqrt{t(t-x)(t-y)(t-z)}$$

$$t = \frac{x+y+z}{2}$$

其中，t 为三角形周长的一半。

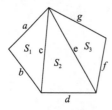

图5.1　五边形

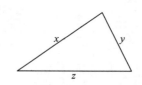

图5.2　三角形

如果求取图 5.1 中五边形的面积，可以将其划分成 3 个三角形 S_1、S_2 和 S_3，分别求得面积后，再相加。利用之前介绍过的 Python 知识，可以利用三段代码分别求取 3 个三角形的面积。

【范例源代码与注释】（文件名 example5_1.py）

```
1  #多次计算三角形面积求得五边形面积 example5_1.py
2  a,b,c,d,e,f,g = eval(input("请输入多边形各个边及对角线的长度（符合三角形三边关系）："))
3  #计算第一个三角形的面积
4  t1 = (a+b+c)/2
5  S1 = (t1*(t1-a)*(t1-b)*(t1-c))**0.5
6  #计算第二个三角形的面积
7  t2 = (c+d+e)/2
8  S2 = (t2*(t2-c)*(t2-d)*(t2-e))**0.5
9  #计算第三个三角形的面积
10 t3 = (e+f+g)/2
11 S3 = (t3*(t3-e)*(t3-f)*(t3-g))**0.5
12 #计算多边形的面积
13 S = S1+S2+S3
14 print("这个多边形的面积为：%.2f"%S)
```

【程序运行】

程序运行结果如下：

```
>>>
============================RESTART============================
请输入多边形各个边及对角线的长度（符合三角形三边关系）：3,4,5,4,3,4,5
这个多边形的面积为：18.00
>>>
============================RESTART============================
请输入多边形各个边及对角线的长度（符合三角形三边关系）：4,5,6,5,4,3,5
这个多边形的面积为：25.84
```

【范例说明】

实际上，求 3 个三角形面积的时候，使用的公式相同，不同的仅仅是边长。定义一个根据边长求三角形面积的函数，然后调用这个函数 3 次来计算机 3 个三角形的面积。

【范例源代码与注释】

```
1  #多次计算三角形面积求得五边形面积 example5_1_1.py
2  #定义计算三角形面积的函数，这里 a,b,c 没有值，仅代表三角形的三条边，a,b,c 须符合三角形三边关系
3  def area(a, b, c):
4      t = (a+b+c)/2
5      S = (t*(t-a)*(t-b)*(t-c))**0.5
6      return S
7  a,b,c,d,e,f,g = eval(input("请输入多边形各个边及对角线的长度（符合三角形三边关系）："))
8  #计算第一个三角形的面积
```

```
 9    S1 = area(a, b, c)
10   # 计算第二个三角形的面积
11    S2 = area(c, d, e)
12   # 计算第三个三角形的面积
13    S3 = area(e, f, g)
14   # 计算多边形的面积
15    S = S1+S2+S3
16    print("这个多边形的面积为：%.2f"%S)
```

【程序运行】

程序运行结果如下：

```
>>>
==========================RESTART==========================
请输入多边形各条边及对角线的长度（符合三角形三边关系）：3,4,5,4,3,4,5
这个多边形的面积为：18.00
>>>
==========================RESTART==========================
请输入多边形各条边及对角线的长度（符合三角形三边关系）：4,5,6,5,4,3,5
这个多边形的面积为：25.84
```

从上面的例子可以看出，对于功能相同、重复使用的程序段，可以自定义一个函数，供多次调用。将重复代码放到函数中，这样可以有效避免代码的大量复制工作，既能节省空间，又有助于程序代码保持一致性，因为当函数代码发生变化时，只需要改变函数的内容，而不需要去依次寻找并修改多处程序代码。

另一方面，函数是对程序逻辑进行结构化或过程化的一种编程方法。结构化程序设计思想是"分解"大问题，通过依次解决小问题，来实现大问题的解决，描述"小问题"解决方法的工具是函数，如图 5.3 所示。对应到 Python 程序设计时，将一个大程序按照功能划分为若干小程序模块，每个小程序模块完成一个确定的功能，并在这些模块之间建立必要的联系，通过模块的互相协作完成整个功能的程序，如图 5.4 所示。

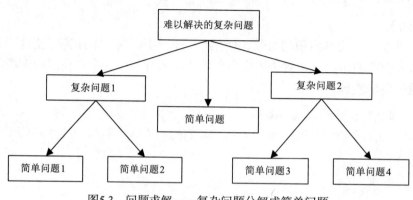

图5.3　问题求解——复杂问题分解成简单问题

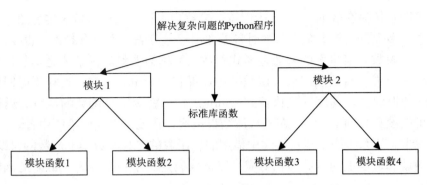

图5.4　Python程序——复杂程序分解成简单函数

5.2　函数的定义与调用

5.2.1　函数的定义

这里利用范例 5-1 的代码详细讲解函数的定义。计算三角形面积的函数定义代码如下：

```
1  # 定义一个根据三边长度计算三角形面积的函数，a,b,c默认为符合三角形三边关系
2  def area(a, b, c):
3      t = (a+b+c)/2
4      S = (t*(t-a)*(t-b)*(t-c))**0.5
5      return S
```

这个例子给出了一个简单的函数结构，基本涵盖了函数的各个语法点。第 1 行为注释，不具备语法意义，描述了这个函数的作用。第 2 行的代码使用关键字 def 来告诉 Python 将要定义一个函数。这是函数定义，向 Python 指出，命名这个函数为 area，在后面的 ( ) 中，包含了函数为完成其任务需要什么样的信息，即 a、b、c 三个边的边长参数。最后，定义以冒号结尾。

后面的所有缩进行（第 3 ～ 5 行）构成了函数体，在函数体内根据边长信息计算三角形的面积 S，第 5 行 return 语句将计算得到的面积 S 作为返回值返回。

定义函数简单的规则如下：

（1）函数代码块以 def 关键词开头，后接函数的名称、圆括号"( )"和冒号":"。
（2）任何传入的参数必须放在圆括号内，各个参数之间用逗号隔开。
（3）函数的开始部分可以选择性地用注释说明函数功能。
（4）函数内容以冒号起始，并且缩进。
（5）return [表达式] 表示函数结束，返回一个值给调用方，不带表达式的 return 语句相当于返回空值 None。

Python 定义函数的语法形式如下：

```
def 函数名 ( 参数列表 ) :
    函数体
    # 可能包含 return 返回值
```

函数名可以是任何有效的 Python 标识符；参数列表是调用该函数时传递给它的值，可以有零个、一个或多个，当传递多个参数时各参数由逗号分隔；当没有参数时也要保留圆括号。在函数定义中，参数列表里面的参数是形式参数，简称为形参。函数体是函数每次调用时执行的代码，由一行或多行语句组成。函数体中可能包含 return 语句，当需要返回值时，使用保留字 return 和返回值。程序一旦执行到 return 语句，就会结束函数的执行，返回调用者。另外，函数可以没有 return 语句，在函数体结束位置，将控制权返回给调用者。

函数的基本思想和叫法都是从数学中借用的。函数的参数与数学上函数的自变量相对应，函数的返回值就和数学上的函数值相对应。以下代码定义了一个名为 square 的函数，返回其参数的平方。

```
1  # 定义一个计算一个数平方的函数
2  def square(x):
3      return x**2
```

可以看到，这个函数的定义与数学上的函数 $f(x)=x^2$ 非常相似。Python 函数的主体由一条 return 语句组成。当 Python 遇到 return 时，它立即退出当前函数，并将控制权返回到函数被调用之后的点。此外，return 语句中提供的值作为表达式结果发送给调用者（在代码的任何可以合法使用表达式的地方使用 square() 函数）。例如：

```
>>> square(3)
9
>>> print(square(4))
16
>>> x=5
>>> y = square(x)
>>> print(y)
25
>>> print(square(x)+square(y))
650
```

如果想定义一个什么事也不做的空函数，可以用 pass 语句。例如：

```
1  # 定义一个空函数
2  def nop():
3      pass
```

pass 语句什么都不做，那有什么用？实际上 pass 可以用来作为占位符，比如现在还没想好怎么写函数的代码，就可以先放一个 pass，让代码能运行起来。当缺少了 pass，代码运行就会有语法错误。例如：

```
1  # 定义一个空函数
2  def nop():
3  # 不用 pass 语句，直接调用
4  nop()
```

运行以上程序，会提示有语法错误，如图 5.5 所示。

图5.5 无pass语句语法错误

pass 语句还可以用在其他语句里,例如:

```
1  #pass语句用在if语句中
2  if age >= 18:
3      pass
```

这里 age >= 18 时,需要做相应的处理,但处理程序还没有完全确定,可以利用 pass 语句作为占位符让程序运行起来。

范例 5-2 编写一个函数,输入两个整数,求出其中值较大的那个数。

【范例分析】

求两个数中较大的那一个,方法本身比较简单,关键问题是如何用函数来实现。在实现这个函数时,需要注意以下两点:

(1)函数名。为函数取名时,应该顾名思义,能够反映出函数的功能,这里可以取名为 max。

(2)max 函数参数的个数。函数的功能为计算两个数中最大的那个数,这两个数是可变的,它们就是函数的参数,所以参数应该有两个。

【范例源代码与注释】(文件名 example5_2.py)

```
1  #找出两个数中较大数的函数 example5_2.py
2  def max(a, b):
3      if a>b:
4          return a
5      else:
6          return b
```

【程序运行】

由于现在只是定义了一个函数,并不包含函数调用部分,所以没有任何运行结果。

范例 5-3 利用辗转相除法编写一个求两个正整数的最大公约数的函数。

【范例分析】

这个函数求解两个正整数的最大公约数,需要用到这两个正整数的信息,所以这两个正整数是函数的参数,写到参数列表中,用逗号隔开。求解得到的最大公约数值,作为返回值返回。

【范例源代码与注释】(文件名 example5_3.py)

```
1  #定义求取m和n最大公约数的函数,m和n作为参数 example5_3.py
2  def gcd(m, n):
3      if m < n:
4          m, n = n, m
```

```
5      r = m % n
6      while r!=0:
7          m, n = n, r
8          r = m % n
9      # 计算后得到的最大公约数的值是此时 n 的值
10     return n
```

范例 5-4 编写一个函数，判断一个正整数是否为素数。

【范例分析】

这个函数判断一个数是否为素数，这个数是任意的正整数，所以这个数是一个参数。如果是一个素数，那么这个函数返回 True，否则，返回 False。

【范例源代码与注释】（文件名 example5_4.py）

```
1  # 判断一个数是否为素数 example5_4.py
2  def prime(n):
3      for i in range(2,n):
4          if n%i == 0:
5              return False
6          else:
7              return True
```

【范例说明】

这个程序包含了两个 return 语句（第 5 行和第 7 行），当函数被调用时，一旦执行到 return 语句，函数就运行结束了，返回到主调函数。在这个例子的 2 和 n-1 之间，一旦找到一个 i，使得 n%i == 0，那么 n 就不是素数，这时函数就可以结束返回 False 了，如果一直没有找到能够整除 n 的数，则会返回 True。

5.2.2 函数的调用

定义一个函数时，只为其命名，并指定函数里包含的参数和代码块结构。这个函数的基本结构定义完成以后，可以通过另一个函数调用执行，也可以直接通过 Python 提示符执行。函数的调用与前面使用的内部函数的调用相同，如 int(5.5)。唯一的差别是函数的函数体由自己定义，内部函数有 Python 语言提供。

函数调用的语法形式为：

函数名(参数列表)

此时，参数列表中给出要传入函数内部的参数，可以是变量或表达式，这类参数称为实际参数，简称实参。

Python 内置了很多有用的函数，可以直接调用。要调用一个函数，需要知道函数的名称和参数，比如求绝对值的 abs() 函数，只有一个参数。

也可以在交互式命令行通过 help(abs) 查看 abs() 函数的帮助信息。

```
>>> help(abs)
Help on built-in function abs in module builtins:
abs(x, /)
```

```
Return the absolute value of the argument.
```

调用 abs() 函数。例如：

```
>>> abs(100)
100
>>> abs(-20)
20
>>> abs(12.34)
12.34
```

调用函数时，如果参数个数不对，Python 解释器会自动检查出来，并抛出 TypeError。例如：

```
>>> abs(1,2)
Traceback (most recent call last):
  File "<pyshell#1>", line 1, in <module>
    abs(1,2)
TypeError: abs() takes exactly one argument (2 given)
```

如果利用 abs() 函数对一个字符串求绝对值时，程序会报出错误。例如：

```
>>> abs('A')
Traceback (most recent call last):
  File "<pyshell#2>", line 1, in <module>
    abs('A')
TypeError: bad operand type for abs(): 'str'
```

可以定义一个自己的 my_abs() 函数，在函数内部对参数类型做检查，只允许整数和浮点数类型的参数。数据类型检查可以用内置函数 isinstance() 实现，源代码如下：

```
1  # 自己定义一个计算绝对值的 my_abs 函数
2  def my_abs(x):
3      if not isinstance(x, (int, float)):
4          raise TypeError('bad operand type')
5      if x >= 0:
6          return x
7      else:
8          return -x
```

通常，希望通过函数调用使主调函数能得到一个确定的值，这就是函数的返回值。比如在范例 5-2 中，若调用这个函数时有 c=max(2, 3)，从 max 函数定义中可以知道，程序会返回 3，这个值就是函数的返回值，然后赋值语句会将这个返回值赋值给变量 c。

函数的返回值是通过函数中的 return 语句获得的。return 语句将被调用函数中的一个或多个确定值带回到主调函数中。如果需要从被调函数带回一个值供主调函数使用，那么被调函数中必须包含 return 语句。一个函数中可以有一个以上的 return 语句，如范例 5-4 中就包含两条 return 语句，执行到哪一个 return 语句，哪一个 return 语句就起作用。当 return 语句返回多个值时，实际上 Python 将这多个值组合成一个元组返回。

范例 5-5 查看函数返回多个值时，多个返回值的类型。

【范例分析】

本例子中，设计了一个函数，包含了两个数值参数，函数计算这两个数的和与积，并同时返回计算结果，返回后在主调函数中查看所返回的值的类型。

【范例源代码与注释】（文件名 example5_5.py）

```
1  #返回多个值 example5_5.py
2  def multiValue(a,b):
3      return a+b, a*b
4  x,y = eval(input("请输入a和b的值："))
5  z = multiValue(x,y)
6  print(type(z))
7  s,m = multiValue(x,y)
8  print("和为:",s,"积为:",m)
9  s=z[0]
10 m=z[1]
11 print("和为:",s,"积为:",m)
```

【程序运行】

程序运行结果如下：

```
>>>
================== RESTART ==================
请输入a和b的值：3,4
<class 'tuple'>
和为: 7 积为: 12
和为: 7 积为: 12
```

【范例说明】

本范例中，定义了 multiValue() 函数，这个函数会返回两个值，主调函数调用这个函数，将返回值赋值给 z，这时 z 的类型为元组 tuple。另外，当函数返回多个值时，可以直接进行多重赋值，也可以使用元组索引，效果是一样的。

范例 5-6 计算两个数的最大公约数，并判断最大公约数是否为素数。

【范例分析】

可以在主调函数中调用范例 5-3 和范例 5-4 中的函数，完成本范例。

【范例源代码与注释】（文件名 example5_6.py）

```
1  #调用函数 example5_6.py
2  #定义求取m和n最大公约数的函数，m和n作为参数
3  def gcd(m, n):
4      if m < n:
5          m, n = n, m
6      r = m % n
7      while r!=0:
8          m, n = n, r
```

```
9            r = m % n
10       # 计算后得到的最大公约数的值是此时 n 的值, 返回
11       return n
12  # 判断一个数是否为素数
13  def prime(n):
14       for i in range(2,n):
15            if n%i == 0:
16                 return False
17            else:
18                 return True
19  a,b = eval(input("请输入 a 和 b 的值: "))
20  d = gcd(a,b)
21  print("{}和{}的最大公约数是{}, ".format(a,b,d),end="")
22  if prime(d):
23       print("{}是一个素数。".format(d))
24  else:
25       print("{}不是一个素数。".format(d))
```

【程序运行】

程序运行结果如下:

```
>>>
================== RESTART ==================
请输入 a 和 b 的值: 12,8
12 和 8 的最大公约数是 4, 4 不是一个素数。
>>>
================== RESTART ==================
请输入 a 和 b 的值: 15,10
15 和 10 的最大公约数是 5, 5 是一个素数。
```

【范例说明】

在本范例中,程序从第 19 行开始运行,以上各行是函数定义,只有调用时才会运行。主调程序获得用户输入的两个值 a、b 后,调用 gcd() 函数计算得到最大公约数,并赋值给 d; 再调用 prime() 函数判断 d 这个数是否为素数。

5.3 参数传递

5.3.1 形参和实参

实参(argument)全称为"实际参数",是在调用时传递给函数的参数。实参可以是常量、变量、表达式、函数等,无论实参是何种类型的量,在进行函数调用时,它们都必须具有确定的值,以便把这些值传送给形参。因此应预先用赋值、输入等办法使实参获得确定值。形参(parameter)全称为"形式参数",是在定义函数名和函数体的时候使用的参数,目的是接收调用该函数时传入的参数。在调用函数时,实参将赋值给形参。

在 Python 中，实现实参与形参之间的参数传递的方式有很多种，包括按位置传送，按关键字传送等。其中最为常见的是按位置传送，是指实参的位置、次序、类型与形参的位置、次序、类型一一对应，与参数名没有关系。比如在之前的章节中，调用内置函数时，用户根本不用知道形参的名称，只需要知道各个位置的形参的类型、意义等就行，比如 pow() 函数的函数形式如下：

```
pow(底数,指数)
```

若调用语句：y=pow(10,3)，则结果是求取 10 的 3 次方；而不是求取 3 的 10 次方。同样若调用范例 5-3 的 gcd() 函数，其参数传递过程如图 5.6 所示。

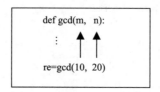

图5.6　参数传递示意图

在进行参数传递时，需要注意以下几点：

（1）形参出现在函数定义中，在整个函数体内都可以使用，并且只有在函数内部有效，离开该函数则不能使用。实参出现在主调函数中，进入被调函数后，实参变量也不能使用。以在交互模式下调用范例 5-3 的 gcd() 函数为例。

```
>>> gcd(10,15)
5
>>> m #m在gcd函数内部，在gcd外部无法访问到
Traceback (most recent call last):
  File "<pyshell#9>", line 1, in <module>
    m
NameError: name 'm' is not defined
```

（2）形参和实参的功能是作数据传送。发生函数调用时，主调函数把实参的值传送给被调函数的形参，从而实现主调函数向被调函数的数据传送。

（3）实参可以是常量、变量、表达式、函数等，无论实参是何种类型的量，在进行函数调用时，它们都必须具有确定的值，以便把这些值传送给形参。因此应预先用赋值、输入等办法使实参获得确定值。

```
>>> gcd(10+15,abs(-20)*2)
5
>>> m #m值未定义
Traceback (most recent call last):
  File "<pyshell#13>", line 1, in <module>
    m
NameError: name 'm' is not defined
>>> gcd(10,m) #m值未定义，所以调用时没有值，所以出现错误
Traceback (most recent call last):
```

```
    File "<pyshell#14>", line 1, in <module>
        gcd(10,m)
NameError: name 'm' is not defined
```

5.3.2 可变对象与不可变对象

  Python 在内存中分配的对象可分成两类：可变对象和不可变对象。不可变对象所指向的内存中的值不能被改变。当改变某个变量时，由于其所指的值不能被改变，相当于把原来的值复制一份后再改变，这会开辟一个新的地址，变量再指向这个新的地址。可变对象所指向的内存中的值可以被改变。变量（准确地说是引用）改变后，实际上是其所指的值直接发生改变，并没有发生复制行为，也没有开辟出新的地址；通俗地说就是原地被改变。

  Python 中，数值类型（int 和 float）、字符串 str、元组 tuple 都是不可变的。而列表 list、字典 dict、集合 set 是可变的。

  由于 Python 中的变量存放的是对象引用，所以对于不可变对象而言，尽管对象本身不可变，但变量的对象引用是可变的。运用这样的机制，有时候会让人糊涂，似乎可变对象变化了。代码如下：

```
1  #改变不可变对象的值
2  i = 73
3  i += 2
```

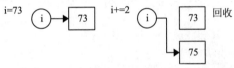

  由于是不可变对象，变量对应内存的值不允许被改变。当变量要改变时，实际上是把原来的值复制一份后再改变，开辟出一个新的地址，i 再指向这个新的地址，原来 i 对应的值因为不再有对象指向它，就会被当作垃圾回收。这对字符串 str 和浮点数类型 float，也是一样的。

  id(x) 函数获得对象 x 的地址，若地址相同，说明是同一个对象。is 操作符就是判断两个对象的 id 是否相同，若相同，值为 True，否则为 False。例如：

```
1   #改变不可变对象的值
2   #因为 258 是 int 对象，是不可变对象的
3   a = 258
4   b = a
5   print(id(a))           #这个值每次运行会不同
6   print(id(b))           #a 和 b 的 id 应该是一样的
7   print(a is b)          # 值应该为 True
8   a = a+2
9   print(id(a))           #a 的 id 应该发生了改变
10  print(a is b)          # 值应该为 False
```

程序运行结果如下：

```
>>>
============== RESTART ==============
```

```
2836027701392
2836027701392
True
2836027700656
False
```

可变对象的内容是可以变化的。当对象的内容发生变化时，变量的对象引用是不会变化的。如下面的例子：

```
1   # 改变可变对象的值
2   m=[5,9]
3   m+=[6]    # 等价于m.extend([6])，但不同于m=m+[6]
```

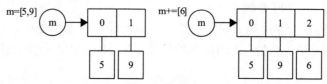

可变对象由于所指对象可以被修改，所以无须复制一份之后再改变，直接原地改变。例如：

```
1   # 改变可变对象的值
2   alist = [1, 2, 3]
3   # alist 实际上是对象的引用,blist = alist即引用的传递,现在两个引用都指向了同一个对象(地址)
4   blist = alist
5   print(id(alist), id(blist))   # id一样
6   # 所以其中一个变化，会影响到另外一个
7   blist.append(4)
8   print(alist)   # 改变blist, alist也变成了 [1 ,2 ,3 ,4]
9   print(id(alist), id(blist))   # id一样，和上面值没有改变时的id也一样
```

程序运行结果如下：

```
>>>
=============== RESTART ===============
2399666776904 2399666776904
[1, 2, 3, 4]
2399666776904 2399666776904
```

blist = alist 这一句中，alist 实际上是对象的引用，blist = alist 即引用的传递，现在两个引用都指向了同一个对象（地址）。所以其中一个变化，会影响到另外一个。

在 Python 函数的参数传递过程中，如果传递的参数为不可变类型，类似 C++ 的值传递，如整数、字符串、元组。所定义的函数中对形参的改变不会影响到主调函数中的实参。如 fun(a)，传递的只是 a 的值，没有影响 a 对象本身。即使在 fun(a) 内部修改 a 的值，只是修改另一个复制的对象，不会影响 a 本身。例如：

```
1   # 函数中改变不可变对象的值
2   def ChangeInt( a ):
3       a = 10
```

```
4  b = 2
5  ChangeInt(b)
6  print(b) # 结果是 2
```

实例中有 int 对象 2，指向它的变量是 b，在传递给 ChangeInt 函数时，按传值的方式复制了形参变量 a。a 和 b 都指向了同一个 int 对象，在 a=10 时，则新生成一个 int 值对象 10，并让 a 指向它，所以 a 的值发生改变，并不会影响 b 的值。

如果传递的参数为可变类型，类似 C++ 的引用传递，如列表、字典等。所定义的函数中对形参的改变会影响到主调函数中的实参。例如定义函数为 fun(la)，调用时为 fun(lb)。假如 la 为可变类型，若函数 fun 改变 la 的值，则主调函数中的 lb 会发生同样的变化。例如：

```
1  # 函数中改变可变对象的值
2  def changeme( mylistA ):
3     # 修改传入的列表
4     mylistA.append([1,2,3,4])
5     print("函数内取值mylistA: ", mylistA)
6     return
7  # 调用 changeme 函数
8  mylistB = [10,20,30]
9  changeme( mylistB )
10 print("函数外取值mylistB: ", mylistB)
```

程序运行结果如下：

```
>>>
函数内取值mylistA:  [10, 20, 30, [1, 2, 3, 4]]
函数外取值mylistB:  [10, 20, 30, [1, 2, 3, 4]]
```

实例中有列表 list 对象 [10,20,30]，指向它的变量是 mylistB。在传递给 changeme() 函数后，函数内部改变了 mylistA 的值，变为 [10, 20, 30, [1, 2, 3, 4]]。由于 mylistA 和 mylistB 指向同一个对象，主调函数中的 mylistB 的值也同样变为 [10, 20, 30, [1, 2, 3, 4]]。

范例 5-7 交换两个数的值。

【范例分析】

源码中给出三个函数，分别试图进行两个数的交换，注意区分作为函数参数时，可变对象和不可变对象的不同。

【范例源代码与注释】（文件名 example5_7.py）

```
1  # 可变对象与不可变对象 example5_7.py
2  # 不可变对象作为参数，有 return
3  def exchange1(a,b):
4     a,b=b,a
5     return a,b
6  # 不可变对象作为参数，无 return
7  def exchange2(a,b):
8     a,b=b,a
9  # 可变对象作为参数，无 return
```

```
10  def exchange3(two):
11      two[0],two[1]=two[1],two[0]
12  #按照各个函数的参数要求，调用函数
13  x,y=10,100
14  print("交换x,y之前 x={}: y={}".format(x,y))
15  exchange1(x,y)
16  print("exchange1后 x={}: y={}".format(x,y))
17  exchange2(x,y)
18  print("exchange2后 x={}: y={}".format(x,y))
19  x,y=exchange1(x,y)
20  print("exchange1返回后 x={}: y={}".format(x,y))
21  list2=[x,y]
22  print("交换x,y之前列表 {}".format(list2))
23  exchange3(list2)
24  print("exchange3后列表 {}".format(list2))
```

【程序运行】

程序运行结果如下：

```
>>>
=============== RESTART ===============
交换x,y之前 x=10: y=100
exchange1后 x=10: y=100
exchange2后 x=10: y=100
exchange1返回后 x=100: y=10
交换x,y之前列表 [100, 10]
exchange3后列表 [10, 100]
```

【范例说明】

在本范例中，exchange1 与 exchange2 的参数都是不可变对象，函数内部改变它们的值并不会改变调用程序里的实参值，即 x、y 的值不变。但是如果将 exchange1 的返回值赋值给 x、y，赋值本身会改变 x、y 的值，所以调用 exchange1 后，值发生了变换。exchange3 的参数为列表 list，它是可变参数，所以函数内部对形参的变换会引起实参的变换，函数调用前后，有 x、y 组成的列表 list2 的值发生了变化。

5.3.3 位置参数

调用函数时，Python 必须将函数调用中的每个实参都关联传递到函数定义中的形参。最简单的关联传递方式是根据参数的顺序传递，这种关联传递的参数称为位置参数。下面定义一个计算乘方的函数，此函数用于计算一个底数 base 的 index 次方。例如：

```
1  #计算一个底数base的index次方
2  def power(base,index):
3      return base**index
```

对于 power(base,index) 函数，参数 base 和 index 都是位置参数。当调用 power 函数时，必须按照顺序传入两个参数，且只能传入两个参数。位置参数的顺序非常重要，必须确保函

数调用中实参的顺序与函数定义中形参的顺序是一致的；如果不一致，结果可能出乎意料。如下面的例子所示：

```
>>> power(2,3)
8
>>> power(3,2)
9
```

另外，对于位置参数，形参的个数必须与实参相同，少传或多传都会发生错误，如下面的例子所示：

```
>>> power(2)
Traceback (most recent call last):
  File "<pyshell#4>", line 1, in <module>
    power(2)
TypeError: power() missing 1 required positional argument: 'index'
>>> power(2,3,4)
Traceback (most recent call last):
  File "<pyshell#5>", line 1, in <module>
    power(2,3,4)
TypeError: power() takes 2 positional arguments but 3 were given
```

5.3.4 关键字参数

关键字参数的概念仅仅针对函数的调用。这种理念是让调用者通过函数调用中的参数名字来区分参数，关键字参数是传递给函数的名称-值对，直接在实参中将名称和值关联起来，因此，向函数传递实参时，即使不按照形参的顺序，也不会发生混淆，因为 Python 解释器能通过给出的关键字来匹配参数的值。

下面重新看 power(base, index) 这个例子，使用关键字实参来调用这个函数。代码如下：

```
1   # 关键字参数调用
2   def power(base,index):
3       return base**index
4   # 调用时列出形参名字
5   y=power(base=2, index=3)
```

函数还是原来那样，但调用这个函数时，用户向 Python 明确地指出了各个实参对应的形参。看到这个函数调用时，Python 知道应该将实参 2 和 3 分别存储在 base 和 index 中，结果输出正确无误。它完成了 2^3 的计算。关键字参数的顺序无关紧要，因为 Python 知道各个值该存储到哪个形参中。下面两个函数调用是等效的。代码如下：

```
1   # 关键字实参与顺序无关
2   y=power(base=2, index=3)
3   y=power(index=3, base=2)
```

尽管在使用关键字参数时，需要输入参数名等更多的字符，表面上看相比位置参数更加复杂，但随着程序规模越来越大，参数越来越多，关键字所起的作用就越明显。

5.3.5 默认参数

函数定义时,可给每个形参指定默认值。在函数调用中,如果给有默认值的形参提供了实参,Python 使用给定的实参值;否则,将使用形参的默认值。因此,形参给定默认值后,可在函数调用中省略相应的实参。使用默认值可简化函数调用,还可清楚地指出函数的典型用法。

例如,在调用 power(base, index) 时,大部分时间是计算一个数的平方,那么可以将形参 index 的默认值设置为 2,这样,调用 power() 函数来计算一个数的平方时,就可以不提供 index。代码如下:

```
1   #默认参数调用
2   def power(base,index=2):
3       return base**index
4   #只有一个位置参数,令一个参数默认
5   y=power(3)   #计算 3 的平方
6   #提供两个实参
7   z=power(3,4)   #计算 3 的 4 次方
```

当不为默认参数提供实参时,默认参数使用默认值;若为默认参数提供实参值,那么默认参数使用提供的实参值。程序运行结果如下:

```
>>>
=============== RESTART: ===============
9
81
```

由于可以混合使用位置参数、关键字参数和默认值参数,所以会存在多种等效的函数调用方式。例如,power() 函数的定义如下,并且给形参 index 提供了默认值 2。

```
1   #定义一个含默认参数的函数
2   def power(base,index=2):
3       return base**index
```

根据上面的函数定义,在函数调用时必须给形参 base 提供实参,可以是位置方式,也可以是关键词方式。如果要计算的不是 base 的平方,还必须在函数调用中给 index 提供实参,同样可以使用位置方式,也可以使用关键字方式。下面对这个函数的所有调用,都是有效的。代码如下:

```
1   #计算 3 的平方
2   y=power(3)
3   print(y)
4   y=power(base=3)
5   print(y)
6   #计算 3 的 4 次方
7   y=power(3, 4)
8   print(y)
9   y=power(3, index=4)
```

```
10 print(y)
11 y=power(base=3, index=4)
12 print(y)
13 y=power(index=4, base=3)
14 print(y)
```

运行结果如下，可以看出两组中，各种调用方式的结果是相同的。

```
>>>
=============== RESTART ===============
9
9
81
81
81
81
```

注意，函数定义时，如果使用默认值，则在形参列表中，必须先列出没有默认值的形参，再列出有默认值的形参。函数调用时，如果使用关键字方式调用，那么在实参列表中，必须先给出按照位置方式给出的实参，再列出按照关键字方式给出的实参。所以下面的定义方式和调用方式都是错误的。

```
def power(index=2, base):      # 函数定义错误
y=power(index=4, 3)            # 函数调用错误
```

错误如图 5.7 和图 5.8 所示。

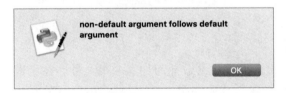
图5.7　函数定义错误

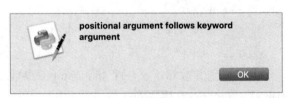
图5.8　函数调用错误

5.3.6　可变参数

1．任意数量的实参

在 Python 函数中，有时候无法在函数定义时确定实参的个数，这时可以定义可变参数。顾名思义，可变参数就是传入的参数个数是可变的，可以是 1 个、2 个或任意一个，还可以是 0 个。Python 允许函数从调用语句中，收集任意数量的参数。

以制作比萨函数 makePizza 为例子，给定一组配料 mushrooms、green peppeers、extracheese 等函数将顾客点的所有配料打印出来。

要定义出这个函数，必须确定输入的参数。由于顾客所点的配料是不固定的，所以参数个数不确定。如果把 mushrooms、green peppeers、extracheese 等作为一个列表 list 或元组 tuple 传进来，这样，函数可以定义如下：

```
1  # 计算制作 pizza 函数
```

```
2  def makePizza(toppings):
3      for i in toppings:
4          print(i)
```

但是在调用的时候,需要先组装出一个 list 或 tuple。例如:

```
1  # 调用 makePizza 函数
2  makePizza(['pepperoni'])
3  makePizza(('mushrooms','green peppers','extra cheese'))
```

程序运行结果如下:

```
>>>
=============== RESTART ===============
pepperoni
mushrooms
green peppers
extra cheese
```

如果利用可变参数,调用函数的方式可以简化成这样:

```
1  # 简化方式调用 makePizza 函数
2  makePizza('pepperoni')
3  makePizza('mushrooms','green peppers','extra cheese')
```

这时,需要在函数定义时,把函数的形参改为可变参数:

```
1  # 利用可变参数定义函数
2  def makePizza(*toppings):
3      for i in toppings:
4          print(i)
```

定义可变参数和定义一个 list 或 tuple 参数相比,仅仅在参数前面加了一个 * 号。在函数内部,参数 toppings 接收到的是一个元组 tuple,因此,函数代码完全不变。但是,调用该函数时,可以传入任意一个参数,包括 0 个参数。例如:

```
1  # 传入 2 个参数
2  makePizza('mushrooms','extra cheese')
3  # 传入 0 个参数
4  makePizza()
```

如果已经有一个 list 或者 tuple,要调用一个可变参数怎么办?可以这样做:

```
1  # 将各个参数组合成元组
2  toppings = ('mushrooms','green peppers','extra cheese')
3  # 利用索引将各个参数打散
4  makePizza(toppings[0], toppings[1], toppings[2])
```

这种写法当然是可行的,问题是太烦琐,所以 Python 允许在 list 或 tuple 前面加一个 * 号,把 list 或 tuple 的元素打散后变成可变参数传递。例如:

```
1  # 将各个参数组合成元组
2  toppings = ('mushrooms','green peppers','extra cheese')
3  利用 * 号将各个参数打散
4  makePizza(*toppings)
```

*toppings 表示把 toppings 这个元组的所有元素作为可变参数传递。这种写法相当有用，而且很常见。

2. 任意数量的关键字实参

利用 * 可以使函数接受任意数量的实参，但有时预先不知道传递给函数的会是什么样的信息。在这种情况下，可将函数编写成能够接受任意数量的键-值。例如创建一个用户的简介，函数知道会接收到有关用户的信息，但不确定会是什么样的信息。在这个例子中，函数 person() 接受名字和年龄，同时还接收任意数量的关键字实参。代码如下：

```
1   # 任意数量关键字参数
2   def person(name, age, **otherInfo):
3       profile={}
4       profile['name']=name
5       profile['age']=age
6       for key, value in otherInfo.items():
7           profile[key]=value
8       return profile
9   # 调用函数，3 个关键字参数
10  user1=person('Jack', 24, city='Beijing', addr='Chaoyang', zipcode='123456')
11  print(user1)
```

程序运行结果如下：

```
>>>
================ RESTART ================
{'zipcode': '123456', 'name': 'Jack', 'age': 24, 'addr': 'Chaoyang', 'city': 'Beijing'}
```

person() 函数的定义要求提供姓名和年龄，同时允许用户根据需要提供任意数量的名称-值对。对于形参 ** otherInfo 中的两个星号，python 会首先创建一个名为 otherInfo 的空字典，并将接收到的所有名称-值对都封装到这个字典中。在这个函数中，可以像访问其他字典那样，访问 otherInfo 中的名称-值对。

定义可变数量的关键字参数和定义一个字典参数相比，仅仅在参数前面加了两个 ** 号。在函数内部，参数 otherInfo 接收到的是一个字典，调用该函数时，可以传入任意数量关键字参数，包括 0 个关键字参数。代码如下：

```
1  # 调用函数，3 个关键字参数
2  user1=person('Jack', 24, city='Beijing', addr='Chaoyang', zipcode='123456')
3  print(user1)
4  # 调用函数，0 个关键字参数
5  user2=person('Lucy', 22)
6  print(user2)
```

程序运行结果如下：

```
>>>
=============== RESTART ===============
{'city': 'Beijing', 'age': 24, 'addr': 'Chaoyang', 'zipcode': '123456', 'name': 'Jack'}
{'age': 22, 'name': 'Lucy'}
```

5.3.7 参数组合

在 Python 中定义函数，可以用位置参数、默认参数、可变参数、关键字参数。这 4 种参数可以组合使用。但是请注意，参数定义的顺序必须是：位置参数、默认参数、可变参数和关键字参数。

比如定义一个函数，包含上述若干种参数。代码如下：

```
1  # 包含各类参数
2  def f1(a, b, c=0, *args, **kw):
3      print('a =', a, 'b =', b, 'c =', c, 'args =', args, 'kw =', kw)
```

在函数调用时，Python 解释器自动按照特定参数位置和参数名把对应的参数传进去，注意参数的顺序必须按照指定顺序，否则会报错。

```
>>> f1(1, 2)
a = 1 b = 2 c = 0 args = () kw = {}
>>> f1(1, 2, c=3)
a = 1 b = 2 c = 3 args = () kw = {}
>>> f1(1, 2, 3, 'a', 'b')
a = 1 b = 2 c = 3 args = ('a', 'b') kw = {}
>>> f1(1, 2, 3, 'a', 'b', x=99)
a = 1 b = 2 c = 3 args = ('a', 'b') kw = {'x': 99}
>>> f1(1, 2, 3, 'a', x=99,'b')
SyntaxError: positional argument follows keyword argument
```

最神奇的是通过一个 tuple 和 dict，利用 * 和 ** 将列表和字典的各个元素打散，然后也可以调用上述函数：

```
>>> args = (1, 2, 3, 4)
>>> kw = {'d': 99, 'x': '#'}
>>> f1(*args, **kw)
a = 1 b = 2 c = 3 args = (4,) kw = {'d': 99, 'x': '#'}
```

所以，对于任意函数，都可以通过类似 func(*args, **kw) 的形式调用它，无论它的参数是如何定义的。

5.4 lambda() 函数

lambda() 函数也叫匿名函数，一般用于简单定义的、能够在一行内表示的函数，返回一个函数类型。匿名函数并非没有名字，而是将函数名作为函数结果返回，具体语法格式如下：

```
<函数名>=lambda<参数列表>:<表达式>
```

它与正常函数一样,等价于下面的形式:

```
def <函数名>(<参数列表>):
    return <表达式>
```

举个例子,利用 lambda 计算一个数的 5 次方,具体程序运行结果如下:

```
>>> f=lambda x:x**5
>>> f(1)
1
>>> f(2)
32
```

Lambda 也可用不能直接进行排序的数据类型计算排序关键字。使用 sorted() 方法和 list.sort() 方法进行排序时,它们都有一个 key 参数,这个参数提供排序依据。例如:

```
>>> elements=[(2,12,"A"),(1,11,"N"),(1,3,"L"),(2,4,"B")]
>>> sorted(elements)
[(1, 3, 'L'), (1, 11, 'N'), (2, 4, 'B'), (2, 12, 'A')]
>>># 列表的各个元素按照第二个值排序
>>> sorted(elements, key=lambda x:x[1])
[(1, 3, 'L'), (2, 4, 'B'), (1, 11, 'N'), (2, 12, 'A')]
>>> elements.sort(key=lambda x:x[1])
>>> elements
[(1, 3, 'L'), (2, 4, 'B'), (1, 11, 'N'), (2, 12, 'A')]
>>># 列表的各个元素按照第三个值排序,即按照最后的字母排序
>>> elements.sort(key=lambda x:x[2])
>>> elements
[(2, 12, 'A'), (2, 4, 'B'), (1, 3, 'L'), (1, 11, 'N')]
```

5.5 函数嵌套与递归

5.5.1 函数的嵌套调用

Python 中函数的调用可以是嵌套使用的,即被调用的函数可以调用其他函数。这也符合函数分而治之的思想,把大问题分解成小问题,小问题可以继续分解成更小的问题。函数嵌套调用时的执行过程如图 5.9 所示。

在模块中首先执行①过程,执行到 fun1(a) 时需要调用 fun1() 函数,所以②跳转到函数 fun1() 函数定义的位置开始执行③;当在函数内执行到 fun2(x) 时需要调用函数 fun2(),所以④跳转到 fun2() 函数定义的位置,开始按照顺序执行 fun2() 函数,如⑤和⑥;fun2() 函数执行到 return 语句,按照⑦函数结束返回主调函数 fun1() 中,将返回值赋值给 y,然后⑧继续按照循序执行 fun1() 函数,fun1() 函数执行到 return 语句,按照⑨函数结束返回主调模块中,将返回值赋值给 b,继续执行⑩,直到程序结束。

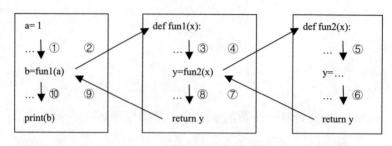

图5.9 函数嵌套调用执行顺序

范例 5-8 输入 4 个整数,找出其中最大的数。用函数嵌套实现。

【范例分析】

这个范例本身很简单,完全可以不用函数来实现。现在根据题目要求,用函数嵌套来处理。在主调程序中,调用 max4() 函数。max4() 函数的作用是找到 4 个数中的最大数。在 max4() 函数中调用 max2() 函数,max2() 函数用来找出两个数中较大的那个数。在 max4() 函数中会调用 max2() 函数多次才能根据 max2 的结果求出 4 个数中的最大数,然后将这个数作为返回值返回给主调程序。本范例可以很好地说明函数的嵌套调用。

【范例源代码与注释】(文件名 example5_8.py)

```
1   # 求两个数中较大的数
2   def max2(x,y):
3       if x>y:
4           return x
5       else:
6           return y
7   # 求4个数中较大的数
8   def max4(a,b,c,d):
9       # 调用max2()函数,计算a,b中的较大数,放入m中
10      e=max2(a,b)
11      # 调用max2()函数,计算a,b,c中的较大数,放入m中
12      e=max2(e,c)
13      # 调用max2()函数,计算a,b,c,d中的较大数,放入m中
14      e=max2(e,d)
15      return e
16  # 主调程序
17  a,b,c,d=eval(input("请输入4个数a,b,c,d:"))
18  max=max4(a,b,c,d)
19  print("最大值为: ",max)
```

【程序运行】

程序运行结果如下:

```
>>>
================== RESTART ==================
请输入4个数a,b,c,d:12,13,65,32
最大值为:  65
```

```
>>>
================== RESTART ==================
请输入4个数a,b,c,d:-1,-3,76,1
最大值为: 76
>>>
```

【范例说明】

max4()函数执行过程是这样的：第一次调用max2()函数得到的函数值是a和b中的较大的值，把它赋值给e；第二次调用max2()函数得到e和c的最大值，也就是a、b和c的最大值，再把它赋值给e；因为之前的e已经没有任何用处，所以可以直接覆盖。这是一个递推的思想，先求出2个数的最大值，再求3个数的最大值，然后求4个数的最大值，一直递推下去，直到得到最终结果。为了简洁，max4()函数中的3个max2()函数调用，可以用一行表示，e=max2(max2(max2(a,b),c),d)。先调用max2(a,b)得到a,b中的最大值，再调用max2(max2(a,b),c)（其中max2(a,b)的值为已知），得到a、b和c这3个值中的最大值，最后调用max2(max2(max2(a,b),c),d)求得4个值中的最大值。注意，虽然e=max2(max2(max2(a,b),c),d)的写法非常的简洁，但是对于计算机来讲，计算的复杂度与之前调用3次代码的复杂度是一样的，只是看起来用了更少的字符表达而已。

5.5.2 递归

函数内部可以继续调用函数。如果函数内部调用的是函数自身，这种调用方式被称为递归。函数调用的目的是将大问题分解成小问题，在递归过程中函数调用自己，也就是说大问题可以分解成与自身相似的问题。这是可以用递归方式解决问题的首要条件。

利用递归方式解决问题的一个非常典型的例子是阶乘的计算。数学上，阶乘的定义为：

$$n!=n\times(n-1)\times(n-2)\times\cdots\times2\times1=n(n-1)!$$

可以看出，求解 n 的阶乘时，可以将问题分解成 n 乘以 $n-1$ 的阶乘，这类问题可以非常容易地利用递归思想来解决，即将求 $n!$ 这个问题分解成求 $(n-1)!$ 这个较小的问题。

例子：利用递归思想，编写计算 $n!$ 的函数 fac(n)。

根据求 $n!$ 的定义 $n!=n(n-1)!$，写成如下形式：

$$\text{fac}(n)=\begin{cases}1 & n=1\\ n\times\text{fac}(n-1) & n>1\end{cases}$$

可以编写计算 fac(n) 的函数。

```
1   # 利用递归求阶乘
2   def fac(n):
3       if n==1:
4           return 1
5       else:
6           y=fac(n-1)
7           return n*y
8   m=fac(3)  # 调用递归函数，计算3的阶乘，结果为6
9   print(m)
```

在函数 fac(n) 的定义中，当 n>1 时，连续调用 fac 自身共 n-1 次，直到 n=1 为止。现设 n=3，下面就是 fac(3) 的执行过程，如图 5.10 所示。

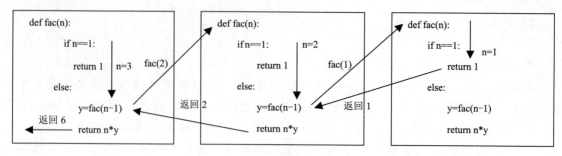

图5.10　fac(3)的执行过程

假设上面例子中不包含下面语句会发生什么？

```
if n==1:
    return 1
```

如果没有上面语句，函数一直调用自己计算 fac(n-1)，形成了无限调用，永远不会结束，也永远计算不出结果。所以一般来讲，能用递归来解决的问题必须满足以下两个条件：

（1）可以通过递归调用来缩小问题规模，且新问题与原问题有着相同的形式。

（2）存在一种结束条件，可以使递归在简单情境下退出。

如果一个问题不满足以上两个条件，那么它就不能用递归来解决。

递归也是用栈来实现，栈中存放形参、局部变量、调用结束时的返回地址，每调用一次自身就把当前参数压栈，直到达到递归结束条件，这个过程叫递推过程，然后不断从栈中弹出当前的参数，直到栈空，这个过程称为回归过程。

递归的使用也是有它的劣势的，因为它要进行多层函数调用，所以会消耗很多堆栈空间和函数调用时间。

范例 5-9　利用递归实现，计算斐波那契数列。

【范例分析】

斐波那契数列这样定义：$f(0) = 0, f(1) = 1$，对 $n > 1, f(n) = f(n-1) + f(n-2)$。通过这个式子可以看出，$f(n)$ 问题可以分解成两个较小的问题 $f(n-1)$ 和 $f(n-2)$，且有终止条件。所以这是一个明显的可以用递归解决的问题。来看看它是如何满足递归的两个条件的。

（1）对于一个 $n>2$，求 $f(n)$ 只需求出 $f(n-1)$ 和 $f(n-2)$，也就是说规模为 n 的问题，转化成了规模更小的问题。

（2）对于 $n=0$ 和 $n=1$，存在着终止条件：$f(0) = 0, f(1) = 1$。

因此，可以很容易地写出计算斐波那契数列的第 n 项的递归程序。

【范例源代码与注释】（文件名 example5_9.py）

```
1    #递归方法求取斐波那契数列的第n项 example5_9.py
2    def fab(n):
3        if n==0:
4            return 0
5        elif n==1:
```

```
6            return 1
7       else:
8            return fab(n-1)+fab(n-2)
9  #调用程序
10 n=int(input("请输入需要计算斐波那契数列的第几项:"))
11 print("斐波那契数列的第{}项为{}。".format(n,fab(n)))
```

【程序运行】
程序运行结果如下：

```
>>>
=============== RESTART ===============
请输入需要计算斐波那契数列的第几项:13
斐波那契数列的第13项为233。
>>>
=============== RESTART ===============
请输入需要计算斐波那契数列的第几项:14
斐波那契数列的第14项为377。
>>>
=============== RESTART ===============
请输入需要计算斐波那契数列的第几项:15
斐波那契数列的第15项为610。
```

范例 5-10 用递归算法实现汉诺塔问题。

【范例分析】

有三根金刚石的棒，第一根上面套着64个圆的金片，最大的一个在底下，其余一个比一个小，依次叠加上去，要求把它们一个个地从这根棒搬到另一根棒上，规定可利用中间的一根棒作为帮助，但每次只能搬一个，而且大的不能放在小的上面，思考该如何操作？

假设有2个盘子，是不是可以分为以下步骤？将小的盘子移动到B，然后将最大的盘子移动到C；那么假设有3个盘子、4个盘子呢？汉诺塔问题示意图如图5.11所示。

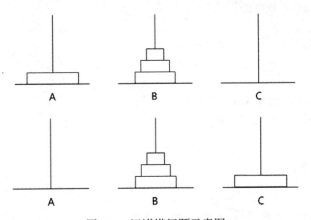

图5.11 汉诺塔问题示意图

那么无论几个盘子，都可以总结如下：

（1）将前 *n*–1 个盘子，通过C，从A移动到B。

（2）从 A 到 C 移动第 n 个盘子。

（3）将前 $n-1$ 个盘子，通过 A，从 B 移动到 C。

根据上面的问题，画出相应的程序流程图，如图 5.12 所示。

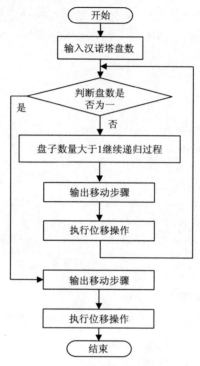

图5.12　汉诺塔问题流程图

【范例源代码与注释】（文件名 example5_10.py）

```
1  # 递归方法求解汉诺塔问题 example5_10.py
2  def hanoi(n, A, B, C):
3      if n == 1:
4          print("移动盘子 ", n, " 从 ", A, " 到 ", C)
5      else:
6          hanoi (n-1, A, C, B)
7          print("移动盘子 ", n, " 从 ", A, " 到 ", C)
8          hanoi (n-1, B, A, C)
9  n = int(input("请输入有多少个盘子："))
10 hanoi(n, '左', '中', '右')
```

【程序运行】

程序运行结果如下：

```
>>>
================ RESTART ================
请输入有多少个盘子：4
移动盘子  1 从 左 到 中
移动盘子  2 从 左 到 右
```

移动盘子	1	从中	到	右
移动盘子	3	从左	到	中
移动盘子	1	从右	到	左
移动盘子	2	从右	到	中
移动盘子	1	从左	到	中
移动盘子	4	从左	到	右
移动盘子	1	从中	到	右
移动盘子	2	从中	到	左
移动盘子	1	从右	到	左
移动盘子	3	从中	到	右
移动盘子	1	从左	到	中
移动盘子	2	从左	到	右
移动盘子	1	从中	到	右

【范例说明】

程序将汉诺塔的过程进行抽象之后，发现只要将前 $n-1$ 个盘子，通过 C，从 A 移动到 B，然后从 A 到 C 移动第 n 个盘子最后将前 $n-1$ 个盘子，通过 A，从 B 移动到 C 即可完成汉诺塔的移动。因此，将以上三个步骤放到递归过程中。递归函数的难点在于如果将问题抽象为递归思维，注意寻找发现规律。本案例代码非常简洁，但运算复杂度非常高。如果要将 64 个盘子从左移到右需要移动 $(2^{64}-1)$ 次，假如每次移动一个盘子用 1 秒，那么移动 $(2^{64}-1)$ 次需要 $(2^{64}-1)$ 秒，大约相当于 6×10^{11} 年，大约 600 亿年，这几乎是一项无法完成的任务。

5.6 变量作用域

变量在程序中必不可少。它可以在不同的模块、不同的函数中被赋值或被使用。但程序的变量并不是在哪个位置都可以被访问的，访问权限决定于这个变量是在哪里赋值的。在 Python 程序中，创建、改变、查找变量名都是在一个保存变量名的空间中进行，我们称之为命名空间，也称其为作用域。作用域决定了变量能够被访问的范围。Python 的作用域是静态的，在源代码中变量名被赋值的位置决定了该变量能被访问的范围，即 Python 变量的作用域由变量所在源代码中的位置决定。

5.6.1 不同变量作用域

在 Python 中，使用一个变量时并不严格要求需要预先声明它，但是在真正使用它之前，它必须被绑定到某个内存对象（被定义、赋值）；这种变量名的绑定将在当前作用域中引入新的变量，同时屏蔽外层作用域中的同名变量。常见的不同作用域的变量主要包括以下三种。

1. 局部变量

局部变量是指包含在 def 关键字定义的语句块中的变量，即在函数中定义的变量。只有当函数被调用时才会创建这种变量。函数中出现的变量基本都是局部变量，其中函数的形参就是局部变量。局部变量只能在本函数中使用，别的函数不可访问。局部变量随着函数的调用而分配存储单元，并进行变量的初始化，在本函数内进行数据的存取，一旦该函数体调用结束，变量所占用的存储单元将被自动释放，其内容也会自动消失。

不同的函数中局部变量的名称可以相同，彼此互不影响。使用局部变量，会使得程序更安全、通用，也更有利于程序的调试。

2. 全局变量

全局变量是指模块层次中定义的变量，每一个模块都是一个全局作用域。也就是说，在模块文件顶层声明的变量具有全局作用域，从外部看来，模块的全局变量就是一个模块对象的属性。全局变量可以被定义在这个模块中的所有函数访问，但也仅限于这单个模块文件内。全局变量主要用来解决多个函数之间的数据共享。

3. 内置变量

内置变量是指 Python 系统内内置的固定模块里定义的变量，如预定义在 _builtin_ 模块内的变量。

下面一个模块中包含多个函数，其中使用了不同作用域的变量，观察其作用域。

```
1   # 不同作用域变量
2   Ga="Hello Python"           #Ga 为全局变量，作用域为整个模块
3   def fun1():
4       La=100                  #La 为局部变量，作用域为 fun1 函数
5       Lb=200                  #Lb 为局部变量，作用域为 fun1 函数
6       ...
7   def fun2():
8       La=300                  #La 为局部变量，作用域为 fun2 函数
9       Lb=400                  #Lb 为局部变量，作用域为 fun2 函数
10      ...
11  Gb=500                      #Gb 为全局变量，作用域为整个模块
12  ...
```

fun1() 函数中定义了局部变量 La 和 Lb，fun2() 函数中也定义了局部变量 La 和 Lb，虽然它们的变量名相同，但是它们并不是同一对象。它们有各自的有效范围。正如高二（1）班有一个学生叫张三，高二（5）班也有一个学生叫张三，二者并不是同一个人。不同班允许有名字相同的学生，互不干扰。在模块中定义了 Ga 和 Gb 两个全局变量，它的有效范围为整个模块。

对应程序代码如下：

```
1   # 不同作用域变量
2   def fun1():
3       La="Hello Python"       #La 为局部变量，作用域为 fun1 函数
4   print(La)
```

程序的第 4 行试图打印 La 变量的值，相当于在模块中想要用到 fun1() 函数内部变量的值，会发生语法错误，程序运行结果如下：

```
Traceback (most recent call last):
  File "./1.py", line 3, in <module>
    print(La)
NameError: name 'La' is not defined
```

这是因为 La 本身是个局部变量，只在 fun1() 函数中有效，所以在模块中无法访问这个变量，当执行 print(La) 语句时便会发生错误。

5.6.2 变量名解析

当在函数中使用未确定的变量名时，Python 会按照优先级依次搜索不同作用域，以此来确定该变量名的意义。首先搜索局部作用域（变量所在的函数）；如果不存在则向上一层（定义这个函数的模块）搜索；如果还没有找到，则去搜索内置作用域。按这个查找原则，在第一处找到的地方停止；如果没有找到，则会报出 NameError 错误。特别是当各类型变量出现重名时，应用以上原则可以确定这些变量所指向的对象。

范例 5-11 多个同名变量的作用域示例。

【范例分析】

在不同作用域内定义同名的变量，并在不同的位置改变并查看它们的值，以此来分析这些同名变量的作用域。

【范例源代码与注释】（文件名 example5_11.py）

```
1  #同名变量各自的作用域 example5_11.py
2  def fun():
3      Var = 10      #Var 为局部变量
4      print(Var)
5  Var = 20          #Var 为全局变量
6  fun()
7  print(Var)
```

【程序运行】

程序运行结果如下：

```
>>>
================= RESTART =================
10
20
```

【范例说明】

函数内部打印 Var 的值，这时在函数内部搜索到局部变量 Var，所以打印它的值 10。函数调用结束后，局部变量 Var 就不存在了，所以模块内打印 Var 的值，这时是打印全局变量 Var 的值，所以显示 20。

对以上代码做简要修改，删除第 3 行后，代码如下：

```
1  #同名变量各自的作用域
2  def fun():
3      print(Var)
4  Var = 20
5  fun()
6  print(Var)
```

这时程序运行结果如下:

```
>>>
================ RESTART ================
20
20
```

这个例子的结果之所以与上面的例子结果不同，是因为函数内部打印 Var 的值时，在函数内部没有搜索到局部变量 Var，所以搜索全局变量，发现它的值为 20，于是打印 20。

再将范例 5-11 的代码修改一下，将 Var=10 放到 print(Var) 的下方，代码如下：

```
1   # 同名变量各自的作用域
2   def fun():
3       print(Var)
4       Var = 10
5   Var = 20
6   fun()
7   print(Var)
```

直觉上会认为，这个例子的结果会与范例 5-11 相同。因为这时函数内部打印 Var 的值时，根据变量名解析原则，直接可以在函数内部找到 Var 变量，应该会打印这个局部变量的值。程序运行结果如下：

```
>>>
================ RESTART ================
Traceback (most recent call last):
  File "…", line 6, in <module>
    fun()
  File "…", line 2, in fun
    print(Var)
UnboundLocalError: local variable 'Var' referenced before assignment
```

上面的例子会报出错误，因为在执行程序时的预编译能够在 fun() 函数中找到局部变量 Var（对 Var 进行了赋值）。在局部作用域找到了变量名，所以不会到模块中去寻找。但是在使用 print() 函数将变量 Var 打印时，局部变量 Var 并有没绑定到一个内存对象（没有定义和初始化，即没有赋值）。所以，在调用一个变量之前，需要为该变量赋值（绑定一个内存对象）。另外，为什么在这个例子中触发的错误是 UnboundLocalError 而不是 NameError: name 'Var' is not defined？这是因为变量 Var 不在全局作用域。Python 中的模块代码在执行之前，并不会经过预编译，但是模块内的函数体代码在运行前会经过预编译，因此不管变量名的绑定发生在作用域的那个位置，都能被编译器知道。Python 虽然是一个静态作用域语言，但变量名查找是动态发生的，直到在程序运行时，才会发现作用域方面的问题。

5.6.3　global 关键字

当局部变量与全局变量同名时，默认情况下，函数内部对局部变量的操作不会影响全局变量。但是有时需要函数操作全局变量，来实现多个函数之间的数据共享。这时可以使用 global 关键字来声明变量的作用域为全局。

范例 5-12 global 关键字的使用。

【范例分析】

定义同名的局部变量和全局变量，默认情况下，局部变量和全局变量会指向不同的对象，对它们的操作不会互相影响。使用 global 关键字，使它们同时指向同一个对象，实现数据的共享。

【范例源代码与注释】（文件名 example5_12.py）

```
1  #global 关键字的使用 example5_12.py
2  Var = "I'm in Global"
3  def fun1():
4      global Var
5      Var = "I'm in fun1()"
6  def fun2():
7      global Var
8      Var = "I'm in fun2()"
9  print(Var)
10 fun1()
11 print(Var)
12 fun2()
13 print(Var)
```

【程序运行】

程序运行结果如下：

```
>>>
================= RESTART ==================
I'm in Global
I'm in fun1()
I'm in fun2()
```

【范例说明】

在函数 fun1() 函数和 fun2() 函数内部利用 global 语句声明 Var 为全局变量，这时两个函数内部将变量 Var 认为是全局变量，模块、fun1() 函数和 fun2() 函数都能够访问操作 Var 变量。利用这种方法实现了变量在各个函数之间的共享。

5.7 综合应用

范例 5-13 验证哥德巴赫猜想。输入任意一个偶数，验证是否能分解成两个素数的和。

【范例分析】

1742 年，在给欧拉的信中，哥德巴赫提出了以下猜想：任一大于 2 的偶数都可写成两个素数之和。但是哥德巴赫自己无法证明它，于是就写信请教赫赫有名的大数学家欧拉帮忙证明，但是一直到走完他一生，欧拉也无法证明。因现今数学界已经不使用"1 也是素数"这个约定，原初猜想的现代陈述为：任一大于 5 的整数都可写成三个素数之和。欧拉在回信中也提出另一等价版本，即任一大于 2 的偶数都可写成两个质数之和。今日常见的猜想陈述为欧拉的版本。把命题"任一充分大的偶数都可以表示成为一个素因子个数不超过 a 个的数与另一个素因子不超过 b 个的数之和"记作"$a+b$"。1966 年陈景润证明了"1+2"成立，即"任一充分大的偶数都可以表示成两个素数的和，或是一个素数和一个半素数的和"。这是迄今为止，这一研究领域最佳的成果，距摘下这颗"数学王冠上的明珠"仅一步之遥，在世界数学界引起了轰动。

数学上证明哥德巴赫猜想很难，但利用计算机的强大计算能力验证哥德巴赫猜想却很容易。用穷举算法可以对哥德巴赫猜想进行验证，对于大于 6 的偶数 n，x 从最小奇素数 3 开始，判断 x 是否为素数，如果 x 为素数，则 $y=6-x$，再判断 y 是否是素数。如果是，则找到。程序需要多次判断一个数是否为素数，所以设计 prime() 函数来判断一个数是否为素数，是素数就返回 True，否则返回 False。

【范例源代码与注释】（文件名 example5_13.py）

```
1   # 验证哥德巴赫猜想example5_13.py
2   # 判断一个数是否为素数
3   def prime(n):
4       for i in range(2,n):
5           if n%i == 0:
6               return False
7       else:
8           return True
9   i = int(input("请输入要验证的偶数："))
10  for x in range(3,i//2+1,2):
11      if prime(x):
12          y=i-x
13          if prime(y):
14              print("{}={}+{}".format(i,x,y))
```

【程序运行】

程序运行结果如下：

```
>>>
================== RESTART ==================
请输入要验证的偶数：700
700=17+683
700=23+677
700=41+659
700=47+653
700=53+647
700=59+641
700=83+617
700=101+599
700=107+593
700=113+587
```

```
700=131+569
700=137+563
700=179+521
700=191+509
700=197+503
700=233+467
700=239+461
700=251+449
700=257+443
700=269+431
700=281+419
700=311+389
700=317+383
700=347+353
```

【范例说明】

当输入一个小的偶数时,程序很快就可以计算出结果,但是当输入一个比较大的偶数(如3636363636)时,程序需要很长时间才能得到结果。原因是没有对 prime() 函数进行任何优化。其实判断一个数是否为素数时,i 不必被 2~(n–1) 范围内的各正整数去除,只需要将 n 被 2~$n/2$ 间的整数除即可,甚至只需被 2~$\sqrt{n}$ 之间的整数除即可。例如,判断 17 是否为素数,只需将 17 被 2、3、4 除即可,如果都除不尽,n 必为素数。这样做可以大大减少循环的次数,节省计算的时间,提高执行效率。改进后判断一个数是否为素数的代码 prime() 函数如下:

```
1   # 优化后,判断一个数是否为素数
2   def prime(n):
3       for i in range(2,int(n**0.5)+1):
4           if n%i == 0:
5               return False
6           else:
7               return True
```

范例 5-14 加密与解密。编写一加密和解密的程序,即将输入的一行字符串中的所有字母加密,加密后可以再进行解密。

【范例分析】

如今,信息的安全性得到了广泛的重视,信息加密是一种提高信息安全性的重要举措。信息加密有很多种方法,最简单的加密方法是:可以按照一定的规律将明文变成密文。例如将每个字母加上一个序数,序数称为密钥。序数为 4 时,字母 A 变成字母 E,a 变成 e,W 变成 A,X 变成 B,Y 变成 C,Z 变成 D,如图 5.13 所示。解密是加密的逆操作。

编写两个函数,一个加密函数,一个解密函数,两个函数均包含两个参数。加密函数的两个参数为:明文和密钥,返回值是加密后的密文。解密函数的两个参数为:密文和密钥,返回值是解密后的明文。

在这个例子中,加密函数与解密函数非常类似。首先要决定哪些字符不需要改变,哪些字母需要改变。可以将当前字符赋值给变量 c,然后判断 c 是否为字母,如果是就对这个字

母做改变,如果不是字母,则不做任何变化。其次是如何计算加密或解密后的值。如图 5.13 所示,字母加密解密过程会形成一个"轮子"循环,即末尾的几个字母加密后会变成开头的几个字母,开头的几个字母解密后会变成末尾的几个字母。在加密过程中,可以将字符的 ASCII 码值加上密钥值,如果超过了 Z 或 z,那么减去 26 将它变到开头的几个字母;解密过程中,可以将字符的 ASCII 码值减去密钥值,如果小于 A 或 a,那么加上 26。

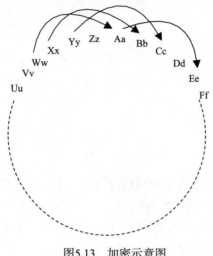

图5.13 加密示意图

【范例源代码与注释】(文件名 example5_14.py)

```
1   # 加密与解密 example5_14.py
2   # 加密函数
3   def code(text ,key):
4       codeText = ''
5       for c in text:
6           # 如果是大写字母
7           if 'A'<=c<='Z':
8               # 加上密钥之后仍在大写字母范围内
9               if ord(c)+key<=ord('Z'):
10                  c = chr(ord(c)+key)
11              # 加上密钥之后超出大写字母范围
12              else:
13                  c = chr(ord(c)+key-26)
14          # 如果是小写字母
15          elif 'a'<=c<='z':
16              if ord(c)+key<=ord('z'):
17                  c = chr(ord(c)+key)
18              else:
19                  c = chr(ord(c)+key-26)
20          codeText += c
21      return codeText
22  # 解码函数
```

```
23  def decode(codeText ,key):
24      text = ''
25      for c in codeText:
26          # 如果是大写字母
27          if 'A'<=c<='Z':
28              # 减去密钥之后超出大写字母范围
29              if ord(c)-key<=ord('A'):
30                  c = chr(ord(c)-key+26)
31              # 减去密钥之后在大写字母范围内
32              else:
33                  c = chr(ord(c)-key)
34          elif 'a'<=c<='z':
35              if ord(c)-key<=ord('a'):
36                  c = chr(ord(c)-key+26)
37              else:
38                  c = chr(ord(c)-key)
39          text += c
40      return text
41  # 主调程序
42  ifCode = int(input("请选择模式（0为加密，1为解密）: "))
43  if not ifCode:
44      text = input("请输入明文: ")
45      key = int(input("请输入密钥: "))
46      codeText=code(text,key)
47      print("加密后密文为: ",codeText)
48  else:
49      codeText = input("请输入密文: ")
50      key = int(input("请输入密钥: "))
51      text=decode(codeText,key)
52      print("加密后明文为: ",text)
```

【程序运行】

程序运行结果如下：

```
>>>
================= RESTART =================
请选择模式（0为加密，1为解密）: 0
请输入明文: Hello,I love Python!
请输入密钥: 5
加密后密文为:  Mjqqt,N qtaj Udymts!
>>>
================= RESTART =================
请选择模式（0为加密，1为解密）: 1
请输入密文: Mjqqt,N qtaj Udymts!
请输入密钥: 5
```

加密后明文为： Hello,I love Python!

【范例说明】

由于密文和明文都是字符，而密钥是数值，二者不能直接进行数值+运算。所以需要利用 ord() 函数将字符转换成对应的 ASCII 码值，然后再进行数值运算，最后将运算结果利用 chr() 函数再转化成字符。

范例 5-15 编写程序计算飞机超重行李费用。

【范例分析】

每位旅客的国内免费行李额为：持成人或儿童客票的头等舱（舱位代码为 F）旅客的免费行李为 40 千克，公务舱（舱位代码为 C）旅客的免费行李为 30 千克，经济舱旅客的免费行李（舱位代码为 Y）为 20 千克。搭乘同一航班前往同一目的地的两个（含）以上的同行旅客，如在同一时间、同一地点办理行李托运手续，其免费行李额可以按照各自的客票价等级标准合并计算，超重行李费率以每千克按照超重行李票填开当日所适用的单程直达经济舱正常票价的 1.5% 计算，收费总金额以元为单位，尾数四舍五入。现要求设计一个函数求超重行李需要的费用，在主函数中输入旅客的人数、舱位（假如同行的旅客的舱位相同）、行李重量、经济舱正常票价，在主调程序中输出超重行李费用。

本范例比较简单，设计一个函数求超重行李的费用 overWeight()。可以将不同舱位旅客所能携带的免费行李额和超重行李费率定义为全局变量。

【范例源代码与注释】（文件名 example5_15.py）

```
1  #计算超重行李费用 example5_15.py
2  def overWeight(people, berth, weight, price):
3      if berth=='F':
4          s=weight-people*FIRST
5      elif berth=='C':
6          s=weight-people*PUBLIC
7      else:
8          s=weight-people*ECO
9      if s>0:
10         t=s*RATE*price
11         total = round(t)
12     else:
13         total = 0
14     return total
15 FIRST = 40
16 PUBLIC = 30
17 ECO = 20
18 RATE = 0.015
19 people=int(input("请输入旅客同行人数："))
20 berth=input("请输入舱位类型：")
21 weight=int(input("请输入行李总重量："))
22 price=int(input("请输入经济舱标准价格："))
23 total=overWeight(people,berth,weight,price)
```

```
24 print("\n超重行李费用为： ",total)
```

【程序运行】

程序运行结果如下：

```
>>>
================ RESTART ================
请输入旅客同行人数：3
请输入舱位类型：F
请输入行李总重量：200
请输入经济舱标准价格：2000

超重行李费用为：2400
>>>
================ RESTART ================
请输入旅客同行人数：1
请输入舱位类型：Y
请输入行李总重量：15
请输入经济舱标准价格：1000

超重行李费用为： 0
```

【范例说明】

代码中定义了多个全局变量，用于存放一些固定不变的值，这些变量的作用域是整个主调模块，所以能在overWeight()函数内部访问到，这样做有利于代码维护。

课后练习

1. 在Python中，什么是函数？如何定义一个函数？如何调用一个函数？
2. 什么是实参？什么是形参？它们之间都有哪些传递方式？
3. 函数的基本定义方式是什么？是否可以具有没有返回值的函数？是否可以具有没有参数的函数？函数的局部变量以及随机变量的作用域分别是什么？
4. 求方程 $ax^2+bx+c=0$ ($a \neq 0$) 的根，用3个函数分别求当 b^2-4ac 大于0、等于0和小于0时的根并输出结果。从主函数中输入 a、b、c 的值。
5. 编写一个函数，使输入的一个字符串按反序存放，在主函数中输入和输出字符串。
6. 给出年、月、日，计算该日是该年的第几天。
7. 输入10个学生5门课的成绩，分别用函数实现下列功能：
（1）计算每个学生的平均分。
（2）计算每门课的平均分。
（3）找出50个分数中最高的分数所对应的学生和课程。
（4）计算平均分方差：

$$\sigma = \frac{1}{n}\sum x_i^2 - \left(\frac{\sum x_i}{n}\right)^2$$

8. 判断整数 x 是否是同构数。若是同构数，函数返回 True；否则返回 False。x 的值由主调程序从键盘读入，要求不大于 100。

【说明】所谓同构数是指这样的数，这个数出现在它的平方数的右侧。例如，输入 5，5 的平方数是 25，5 是 25 中右侧的数，所以 5 是同构数。

9. 编写一个函数，可计算 $n!$，并依次输出 1～100 的阶乘。有哪些方法可以实现？至少实现两种方法。

【提示】方法1：循环方法，共 7 行，大约 117 字节。

方法2：递归方法，自己编写递归函数。

10. 用递归方法求 n 阶勒让德多项式的值，递归公式为：

$$P_2(x)=\begin{cases}1 & n=0\\ x & n=1\\ \dfrac{(2n-1)x-P_{n-1}(x)-(n-1)P_{n-2}(x)}{n} & n>1\end{cases}$$

第 6 章

数据文件

在实际项目中,由于内存的易失性,程序运行结束后数据就消失了。如果希望将数据保存下来,就需要将数据存储到外存中。在外存中是以文件来管理数据的。针对此问题,本章将介绍 Python 如何将数据写入文件,如何将数据从文件中读出,以及访问文件系统的一些函数。

Python 提供了丰富的文件和文件系统处理函数。本章首先介绍文件的概念,然后介绍文件处理流程,以及流程中各个环节下的几个重要函数的使用。

本章重点知识

- 文件的概念及分类
- 文件的读出方法
- 文件的写入方法
- 文件系统的操作

6.1 文件概述

6.1.1 文件的概念

计算机存储系统中,为了解决容量、存取速度和价格之间的矛盾,设计了由高速缓冲存储器、主存储器和辅助存储器的三级存储体系。

(1) 高速缓冲存储器,也称为 Cache,它位于主存储器与 CPU 之间,用于存放少量正在执行的程序段和数据。Cache 的存储速度非常快,与 CPU 的速度相当,但存储量较小,价格较高,一般设计在 CPU 芯片中,如一级缓存、二级缓存等。

(2) 主存储器,也称为内存,主要用来存放计算机运行期间所需要的程序和数据,CPU 可直接随机地进行读写访问。主存容量较大,存储速度较高。由于 CPU 要频繁地访问主存,所以主存的性能在很大程度上影响整个计算机系统的性能。

(3) 辅助存储器,又称为外部存储器或外存,如硬盘、光盘、U 盘等。用于存放当前暂不参与运行的程序和数据以及一些需要永久性保存的信息。外存的容量可以非常大,且成本很低,但是存储速度较低,而且 CPU 不能直接访问它,外存中的信息必须调入内存中后,CPU 才能使用。

程序在运行时,程序变量、列表、字典等数据都存储在内存中,内存具有数据易失性,一旦程序结束或掉电,这些数据就会消失,所以这些数据并不能长期保存。若要长期保存,需要将数据保存在外存中。在外存中,管理数据的方式是采用文件。文件是存储在外存上的一组数据的集合,它以文件名来标识。通常情况下,计算机处理的大量数据都是以文件的形式组织存放,操作系统也是以文件为单位对数据进行管理。所有文件都有文件名,文件名是处理文件的依据。如果想在程序中操作存放在外存上的数据,必须先按文件名找到所指定的文件,然后再从该文件中读取数据;要向外存储器写入数据也必须先建立一个文件(以文件名标识),才能向它输出数据。

6.1.2 文件的分类

文件是一个存储在辅助存储器上的数据序列,可以包含任何数据内容,概念上,文件是数据的集合和抽象。用文件形式组织和表达数据更有效,也更为灵活。文件主要包含两种类型:文本文件和二进制文件。

文本文件为一个单一特定编码的字符串,比如 UTF-8 编码、ANSI 编码等,内容容易统一展示和阅读,大部分文本文件都可以通过文本编辑软件或文字处理软件修改、创建和阅读。由于文本文件存在编码,因此可以被看作是存储在磁盘上的长字符串(回车符、空格等也是字符),例如一个 txt 格式的文本文件。文本文件在存储时有一些特殊的符号,如换行符、制表符等。

二进制文件直接由比特 0 和比特 1 组成,没有统一字符编码,文件内部数据的组织格式与文件用途有关。二进制文件是信息按照非字符,但具备特定格式形成的文件,如 jpg 格式的图片文件、mp4 格式的视频文件。

二进制文件和文本文件本质上都是存储在外存上的二进制数,最主要的区别在于如何处理这些二进制数,文本文件认为这些二进制数是字符的编码,会按照编码格式解析字符,而二进制文件由于没有统一字符编码,只能当作字符流,而不能看作是字符串。

范例 6-1 理解文本文件和二进制文件的区别。

【范例分析】

Python 一般按照文本文件来处理 txt 格式文件,按二进制文件来处理 jpg 图像文件。下面给出了一个 txt 文件及一个 jpg 文件,如图6.1和图6.2所示。利用二进制查看工具打开两个文件,查看其存储内容,如图6.3和图6.4所示。其中左侧是文件内容对应的二进制数的十六进制表示,右侧为对应的字符编码。可以看出,不管是 txt 文件还是 jpg 文件,两个文件存储的都是二进制数,如果将 txt 文件的二进制数看作是字符的话,可以看出它对应着可以清晰阅读的字符文件。如果将 jpg 的二进制数看作是字符的话,得到的可能是一些乱码。如果要正确解析 jpg 文件,需要按照 jpg 文件的格式来解析这些二进制数,最终将其解码成对应的图像。

图6.1　文本文件1.txt　　　　　　　　　图6.2　文本文件1.txt对应的数据

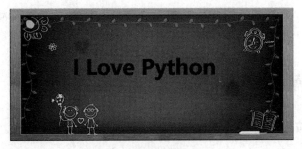

图6.3　图像文件1.jpg

```
00000000h: FF D8 FF E0 00 10 4A 46 49 46 00 01 01 00 00 01 ; ??.JFIF......
00000010h: 00 01 00 00 FF DB 00 43 00 08 06 06 07 06 05 08 ; ....?C......
00000020h: 07 07 07 09 09 08 0A 0C 14 0D 0C 0B 0B 0C 19 12 ; ................
00000030h: 13 0F 14 1D 1A 1F 1E 1D 1A 1C 1C 20 24 2E 27 20 ; .......... $.'
00000040h: 22 2C 23 1C 1C 28 37 29 2C 30 31 34 34 34 1F 27 ; ",#..(7),01444.'
00000050h: 39 3D 38 32 3C 2E 33 34 32 FF DB 00 43 01 09 09 ; 9=82<.342 ?C...
00000060h: 09 0C 0B 0C 18 0D 0D 18 32 21 1C 21 32 32 32 32 ; ........21.12222
00000070h: 32 32 32 32 32 32 32 32 32 32 32 32 32 32 32 32 ; 2222222222222222
00000080h: 32 32 32 32 32 32 32 32 32 32 32 32 32 32 32 32 ; 2222222222222222
00000090h: 32 32 32 32 32 32 32 32 32 32 32 32 32 32 FF C0 ; 22222222222222 ?
000000a0h: 00 11 08 00 EA 01 F4 03 01 22 00 02 11 01 03 11 ; ....?."......
000000b0h: 01 FF C4 00 1F 00 00 01 05 01 01 01 01 01 01 00 ; .  ?............
000000c0h: 00 00 00 00 00 00 00 00 01 02 03 04 05 06 07 08 09 ; .................
000000d0h: 0A 0B FF C4 00 B5 10 00 02 01 03 03 02 04 03 05 ; ..  ??...........
000000e0h: 05 04 04 00 00 01 7D 01 02 03 00 04 11 05 12 21 ; ......}........!
000000f0h: 31 41 06 13 51 61 07 22 71 14 32 81 91 A1 08 23 ; 1A..Qa."q.2?\?#
```

图6.4　图像文件1.jpg对应的数据

6.1.3　文件操作流程

一般来说，处理数据文件的程序由 3 步组成。如图 6.5 所示，首先要打开文件，然后进行读写等操作，最后关闭文件。

打开文件时，系统为文件在内存中开辟了一个专门的数据存储区域，称为文件缓冲区。Python 会为每一个文件缓冲区建立一个文件对象，对文件的所有操作都是通过文件对象进行的。程序打开后返回文件对象。

对文件的操作主要有两大类：一是读操作，也称为输入，即将数据从文件（存放在外存中）读入到变量（内存）供程序使用；二是写操作，也称为输出，即将数据从变量（内存）写入文件（存放到外存）。

将数据写入文件时，先是将数据写入文件缓冲区暂存，等到文件缓冲区满了或文件关闭时才一次性输出到文件。反之，从文件读数据时，先是将数据送到文件缓冲区，然后再提交给变量。如图 6.6 所示，这样处理的目的是为了减少直接读写外层的次数，节省了操作时间。

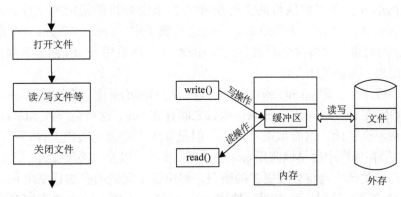

图6.5　处理数据文件的流程　　图6.6　数据文件存取示意图

文件操作结束后，一定要关闭文件，因为有部分数据仍在文件缓冲区，所以不关闭文件会有数据丢失情况发生，尽管大多数情况下操作系统会自动关闭软件。

6.2 文件操作

处理文件要严格按照打开文件、操作文件、关闭文件的顺序进行。下面给出一个简单的示例。

范例 6-2 简单文件的处理流程示例。

【范例分析】

首先构建一个名为 piDigits.txt 的文本文件。它包含精确到小数点后 30 位的圆周率，并且在小数点后每 10 位换一次行，如图 6.7 所示。打开并读取这个文件，再将内容显示到屏幕上，最后关闭文件。

图6.7 简单文本文件

【范例源代码与注释】（文件名 example6_2.py）

```
1  # 简单文件处理 example6_2.py
2  filePi = open('piDigits.txt')
3  contents = filePi.read()
4  print(contents)
5  filePi.close()
```

【程序运行】

程序运行结果如下：

```
>>>
================== RESTART ==================
3.1415926535
  8979323846
  2643383279
```

【范例说明】

在这个程序中，先来看看 open() 函数。如果要使用文件中的数据，哪怕是最简单的打印，都要先打开这个文件，然后才能访问它。open() 函数包含一个参数，这个参数为待打开文件的名称。Python 会在当前执行的文件所在的目录中查找所指定的文件。open() 函数成功打开文件后，返回一个表示文件的对象。在这个例子中，open('piDigits.txt') 返回一个表示文件 piDigits.txt 的对象，并将这个对象存储在 filePi 中。然后用 read() 函数读取文件的内容，并将它们打印出来，最后关闭文件。

在上面程序中，用 open() 函数打开文件，用 close() 函数关闭文件。这样做有一个不足之处，如果程序在 open() 函数与 close() 函数之间存在 bug，这将会导致 close() 函数不能被执行，那么文件将不会关闭。这看似微不足道，但是如果不妥善地关闭文件，可能会导致数据丢失或受损。如果在程序中过早地调用 close() 函数，虽然可以及时关闭文件，但在需要使用文件时，它有可能已经关闭，这将导致更多的错误。解决这个问题的办法是使用 with 语句。当不确定关闭文件的恰当时机时，可以通过使用 with 语句，让 Python 去决定何时关闭文件。用户只管打开文件，并在需要时使用它，Python 会自动在合适的时候关闭文件。利用 with 语句改写上面例子，代码如下：

```
1    #with语句简单文件处理
2    with open('piDigits.txt') as filePi:
3        contents = filePi.read()
4        print(contents)
```

我们后面的示例均采用 with 语句对文件进行读写操作。

6.2.1 打开文件

在对文件进行操作之前，必须先打开文件，同时询问操作系统对文件所进行的操作是读出数据还是写入数据。在 Python 中，打开文件的函数为 open()，其具体用法如下：

```
fileObject = open(file_name [, access_mode])
```

各个参数的细节如下：

（1）file_name：file_name 变量是一个包含了要访问的文件名称的字符串值。

（2）access_mode：access_mode 决定了打开文件的模式，只读、写入、追加等。所有可取值见表 6.1。这个参数包含默认值，默认的访问模式为只读文本（r）方式。

（3）文件打开成功后，返回所打开的文件对象。

若只是简单地将文件名 piDigits.txt 传递给 open() 函数，Python 将会在当前执行的文件所在的目录搜索需要打开的文件 piDigits.txt。

对于稍微大型复杂的程序，会包含多个模块、多个目录等，有时需要打开的文件可能不在程序所在的目录中。比如，假设程序文件存储在 pythonWork 文件夹下，如果需要打开此文件夹下 textFiles 文件夹中的文本文件。虽然文件夹 textFiles 包含在文件夹 pythonWork 下，但仅向 open() 函数传递位于该文件夹中的文件名称是不够的。因为 Python 只会在文件夹 pythonWork 中查找，而不会在其子文件夹 textFiles 中查找。要让 python 打开不与程序文件位于同一目录中的文件时，需要提供文件路径，这个路径指定系统去特定位置查找所要打开的文件。

由于文件夹 textFiles 位于 pythonWork 文件夹中，因此可以使用相对文件路径来打开该文件夹中的文件。相对文件路径让 Python 到指定的位置去查找，而这个位置是相对于当前正在运行的程序所在目录的，在 Linux 操作系统和 Mac 操作系统中，编写代码如下：

```
with open('textFiles/filename.txt') as fileObject:
```

这行代码让 Python 到文件夹 pythonWork 下的文件夹 textFiles 中去查找指定的文件 filename.txt。在 Windows 操作系统中，文件路径使用反斜杠（\），而不是斜杠（/），所以代码如下：

```
with open('textFiles\filename.txt') as fileObject:
```

Python 也可以利用准确的路径来调用文件。这样就可以不用关心当前运行的程序存储所在的路径，这称为绝对文件路径。在相对路径行不通时，可使用绝对路径。例如，如果 textFiles 并不在文件夹 pythonWork 中，而在文件夹 otherFiles 中，那么向 open() 函数传递路径'textFiles/filename.txt'是错误的。因为 Python 只在文件夹 pythonWork 中查找给定的文件。为明确地指出希望 Python 去哪里查找，就必须提供完整的路径。

绝对路径通常比相对路径更长，因此将其存储在一个变量中，再将该变量传递给 open() 函数会显得程序更加简洁、清晰。在 Linux 操作系统和 Mac 操作系统中，若利用绝对路径，代码类似于下面结构：

```
filePath='/home/example/otherFiles/filename.txt'
with open(filePath) as fileObject:
```

而在 Windows 操作系统中，代码类似于下面结构：

```
filePath='C:\users\example\otherFiles\filename.txt'
with open(filePath) as fileObject:
```

通过使用绝对路径，可读取系统任何地方的文件，就目前而言，最简单的做法是，要么将数据文件存储在程序所在的目录，要么将其存储在程序文件所在目录下的一个文件夹中。

参数 access_mode 决定了打开文件的模式，Python 中所支持的模式见表 6.1。

表 6.1 Python 打开文件的方式

模式	说明
r	以只读方式打开文件。文件打开后首先指向文件的开头。这是默认模式
rb	以二进制格式打开一个文件用于只读。文件打开后首先指向文件的开头。一般用于非文本文件，如图片等
r+	打开一个文件用于读写。文件打开后首先指向文件的开头
rb+	以二进制格式打开一个文件用于读写。文件指针将会放在文件的开头。一般用于非文本文件，如图片等
w	打开一个文件只用于写入。如果该文件已存在，则打开文件，并从开头开始编辑，即原有内容会被删除。如果该文件不存在，创建新文件
wb	以二进制格式打开一个文件只用于写入。如果该文件已存在，则打开文件，并从开头开始编辑，即原有内容会被删除。如果该文件不存在，创建新文件。一般用于非文本文件，如图片等
w+	打开一个文件用于读写。如果该文件已存在，则打开文件，并从开头开始编辑，即原有内容会被删除。如果该文件不存在，创建新文件
wb+	以二进制格式打开一个文件用于读写。如果该文件已存在，则打开文件，并从开头开始编辑，即原有内容会被删除。如果该文件不存在，创建新文件。一般用于非文本文件，如图片等
a	打开一个文件用于追加。如果该文件已存在，文件打开后首先指向文件的结尾。也就是说，新的内容将会被写入到已有内容之后。如果该文件不存在，创建新文件进行写入
ab	以二进制格式打开一个文件用于追加。如果该文件已存在，文件打开后首先指向文件的结尾。也就是说，新的内容将会被写入到已有内容之后。如果该文件不存在，创建新文件进行写入
a+	打开一个文件用于读写。如果该文件已存在，文件打开后首先指向文件的结尾。文件打开时会是追加模式。如果该文件不存在，创建新文件用于读写
ab+	以二进制格式打开一个文件用于追加。如果该文件已存在，文件打开后首先指向文件的结尾。如果该文件不存在，创建新文件用于读写

范例 6-3 按照要求打开相应的文件。

采用文本只读方式打开当前目录下的文本文件 test.txt 的 open() 函数，对应的代码为：

```
fileObject=open('test.txt', 'r')
```

或

```
fileObject=open('test.txt')
```

读取一个二进制文件，如一张图片、一段视频或一段音乐，需要使用二进制打开方式。

比如，打开当前文件夹下的音乐文件 music.mp3 的 open() 函数，对应的代码如下：

```
fileObject=open('music.mp3', 'rb')
```

当以读入方式打开的文件无法找到时，会报出语法错误，比如当前路径下并没有文件 a.txt，运行代码如下：

```
fileObject=open('a.txt')
```

运行结果如下：

```
>>>
===================== RESTART =====================
Traceback (most recent call last):
  File "…", line 1, in <module>
    fileObject=open('a.txt')
FileNotFoundError: [Errno 2] No such file or directory: 'a.txt'
```

当所使用的打开文件的方式 Python 不支持时，也会报出语法错误，比如想以读写的方式打开文件，既能读入文件内容，也能将文件内容写到文件，这是应该用 r+ 或 w+ 等，而不能使用 rw，因为 Python 不支持 rw 这种打开方式。运行代码如下：

```
fileObject=open('piDigits.txt','rw')
```

程序运行结果如下：

```
>>>
===================== RESTART =====================
Traceback (most recent call last):
  File "…", line 1, in <module>
    fileObject=open('piDigits.txt','rw')
ValueError: must have exactly one of create/read/write/append mode
```

6.2.2 读文件

当文件被打开后，可以根据打开的不同方式读写操作这个文件。当文件以文本方式打开时，读文件会按照字符串方式，会采用当前计算机使用的编码或指定编码；当文件以二进制方式打开时，读文件会按照字节流方式。Python 为文件对象提供了 4 个常用的读文件内容的函数，见表 6.2。

表 6.2 常用的文件读取方法

对 应 函 数	说　　明
fileObject.readall()	读入整个文件内容，返回一个字符串或字节流
fileObject.read(size=-1)	默认情况下读取整个文件内容，在size参数给定情况下，读入size长度的字符串或字节流
fileObject.readline(size=-1)	默认情况下读入一行内容，在size参数给定情况下，读入该行前size长度的字符串或字节流
fileObject.readlines(hint=-1)	默认情况下从文件中读入所有行，一行为一个元素，组成一个列表。在hint参数给定情况下，读入hint行

利用以上函数可以实现对文件多种方式的读操作，从而遍历整个文件，也称迭代这个文

件，实现对整个文件的处理。

1. 每次一个字符

一种最简单，也是最常见的文件遍历方式是，在 while 循环中使用 read() 函数。例如，遍历文件中每一个字符，并做相应的处理（这里可以抽象为 process() 函数），直到文件结束。如果每次读取多个字符，可以指定 size 参数为要读取的字符个数。示例代码如下：

```
with open(filename) as fileObject:
    char = fileObject.read(1)
    while char:
        process(char)
        char = fileObject.read(1)
```

这个程序中，每次循环读取一个字符，当读取到文件末尾时，read() 函数将返回一个空字符串，Python 认为空字符串为 False 结束循环。对于读取到的其他字符，Python 认为是 True，读入后处理。

可以看到 fileObject.read(1) 出现了两次，使程序显得不够简洁。此处使用前面章节中介绍的 while True 结合 break 对代码进行修改，具体代码如下：

```
with open(filename) as fileObject:
    while True:
        char = fileObject.read(1)
        if not char:
            break
        process(char)
```

范例 6-4 统计一个文件中所有大写字母出现的个数。

【范例分析】

当前程序目录下有文本文件 Hamlet.txt，它是莎士比亚的剧本《哈姆雷特》，如图 6.8 所示。里面有很多大写字母，现在利用程序来统计在这个文件中共有多少大写字母。思路是打开这个文件，每次读取一个字符，并判断这个字符是否为大写字母，若是大写字母计数加 1，直到文件结束。

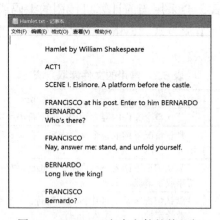

图6.8 Hamlet.txt文本文件的前几行

【范例源代码与注释】（文件名 example6_4.py）

```
1   #统计文件中大写字母的个数 example6_4.py
2   filename = 'Hamlet.txt'
3   counter = 0
4   with open(filename) as fileObject:
5       while True:
6           char = fileObject.read(1)
7           if not char:
8               break
9           if 'A'<=char<='Z':
10              counter += 1
11  print("Hamelet 中共包含{}个大写字母。".format(counter))
```

【程序运行】

程序运行结果如下：

```
>>>
=================== RESTART ===================
Hamelet 中共包含 15876 个大写字母。
```

【范例说明】

由于只需要读入文件的内容，所以以只读方式打开文件。打开后利用 read(1) 函数，每次读入一个字符，若 'A'<=char<='Z'，那么它是一个大写字符，然后对应的计数器加 1。

2. 每次一行

遍历整个文件时，有时会按照行来处理文件，这时可以利用 readline() 函数每次读入一行，并进行相应的处理，直到最后一行。与每次读一个字符类似，示例代码如下：

```
with open(filename) as fileObject:
    while True:
        line = fileObject.readline()
        if not line:
            break
        process(line)
```

3. 读取所有内容

如果文件内容不是很大，可以一次将整个文件读入。可以使用不带任何参数的 read() 函数，也可以使用 readlines() 函数。两个函数的区别是，read() 函数会将整个文件内容作为一个长字符串返回，而 readlines() 函数将每一行作为一个元素，并最终组合成列表返回。将整个文件读入后，可以非常容易地按照字符或行的顺序遍历整个文件。利用 read() 函数及 readlines() 函数进行文件遍历操作的示例代码如下：

```
with open(filename) as fileObject:
    for char in fileObject.read():
        process(char)
```

或

```
with open(filename) as fileObject:
    for line in fileObject.readlines():
        process(line)
```

4. 文件迭代器

实际上，文件对象本身是可迭代的，可以直接迭代遍历这个文件，而不需要利用 read 之类的函数读入文件内容，这意味着可在 for 循环中直接使用文件来迭代，需要注意的是，直接迭代文件是按照行的方式进行的。示例代码如下：

```
with open(filename) as fileObject:
    for line in fileObject:
        process(line)
```

范例 6-5 将文本文件中的内容加密。

【范例分析】

利用范例 5-14 中的加密程序，对 Hamlet.txt 如图 6.8 所示的前 19 行进行加密，并将加密后的结果打印出来。

由于只是处理文件的前 19 行，所以最好使用 readline() 函数，每次读入一行，处理一行。

【范例源代码与注释】（文件名 example6_5.py）

```
1  #加密文件的前19行example6_5.py
2  #加密函数
3  def code(text ,key):
4      codeText = ''
5      for c in text:
6          #如果是大写字母
7          if 'A'<=c<='Z':
8              #加上密钥之后仍在大写字母范围内
9              if ord(c)+key<=ord('Z'):
10                 c = chr(ord(c)+key)
11             #加上密钥之后超出大写字母范围
12             else:
13                 c = chr(ord(c)+key-26)
14         #如果是小写字母
15         elif 'a'<=c<='z':
16             if ord(c)+key<=ord('z'):
17                 c = chr(ord(c)+key)
18             else:
19                 c = chr(ord(c)+key-26)
20         codeText += c
21     return codeText
22 filename = 'Hamlet.txt'
23 with open(filename) as fileObject:
```

```
24      for i in range(19):
25          line = fileObject.readline()
26          #密钥为4
27          lineNew=code(line,4)
28          print(lineNew,end='')
```

【程序运行】

程序运行结果如下：

```
>>>
================ RESTART ==================

                Leqpix fc Amppmeq Wleoiwtievi

                EGX1

                WGIRI M. Ipwmrsvi. E tpexjsvq fijsvi xli gewxpi.

                JVERGMWGS ex lmw tswx. Irxiv xs lmq FIVREVHS
                FIVREVHS
                Als'w xlivi?

                JVERGMWGS
                Rec, erwaiv qi: wxerh, erh yrjsph csyvwipj.

                FIVREVHS
                Psrk pmzi xli omrk!

                JVERGMWGS
                Fivrevhs?
```

【范例说明】

可以看出加密后的密文完全看不出原来明文的影子，虽然只是应用了最简单的加密方法，视觉上加密效果很好。注意程序中的第 28 行，在打印加密后的内容时，不要让 print() 函数自己换行，因为 readline() 函数本身包含换行符，也就是说每次都进来的一个行 line 末尾都是一个换行符，所以不再需要 print() 函数的换行。如果能够将密文写回到文件，那么这个程序将会更有实际意义。

6.2.3 写文件

Python 提供了两个常用的写文件函数，见表 6.3。

表 6.3 Python 中常见的写文件函数

对 应 函 数	说　　明
fileObject.write(s)	将字符串或字节流s写入到文件中
fileObject.writelines(lines)	将一个元素均为字符串的列表lines写入到文件中

利用以上函数可以实现对文件多种方式的写操作,从而将需要保存的数据写入到文件中。

1. 写入空文件

通过设置 open() 函数打开文件时的方式,可以实现将内容写入一个空文件中。对于写入模式 w,如果文件不存在,则创建一个新的空文件,如果文件已经存在,则打开这个文件后删除文件内容(实际上是使文件从开头处开始编辑),对用户看来,同样相当于写入一个空文件。

下面代码正确运行后,当前程序文件所在的文件下会存在一个名为 prog.txt 的文件,文件中包含刚刚写入的 I love Python,如图 6.9 所示。

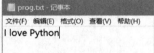

图6.9 简单写入文件结果

```
1  # 简单写入文件
2  fileName = 'prog.txt'
3  with open(fileName, 'w') as fileObject:
4      fileObject.write('I love Python')
```

2. 写入多行

可以多次调用 write() 函数,来实现写入多行内容,如下面的代码,将两行内容写入文件中:

```
1  # 简单写入两行内容
2  fileName = 'prog.txt'
3  with open(fileName, 'w') as fileObject:
4  fileObject.write('I love Python')
5  fileObject.write('I love Programming')
```

打开生成的 prog.txt 文件,发现两行内容挤在同一行上,如图 6.10 所示。

这是因为 write() 函数不会在所要写入的文本的末尾添加换行符,因此如果写入多行时在要写入的内容结尾加入换行符。在上面的例子中加入换行符,这时所生成的 prog.txt 文件如图 6.11 所示。

```
1  # 简单写入两行内容
2  fileName = 'prog.txt'
3  with open(fileName, 'w') as fileObject:
4      fileObject.write('I love Python\n')
5      fileObject.write('I love Programming\n')
```

图6.10 直接写入两行内容

图6.11 写入两行内容按Enter键效果

也可以利用 writelines() 函数写入多行内容,首先将待写入内容封装到一个列表中,然后传递给 writelines() 函数。与 write() 函数一样,writelines() 函数也不会自动在所要写入的文本的末尾添加换行符。下面代码同样可以得到如图 6.11 所示的文件。

```
1  # 简单写入两行内容
2  fileName = 'prog.txt'
3  lines = ['I love Python\n','I love Programming\n']
4  with open(fileName, 'w') as fileObject:
5      fileObject.writelines(lines)
```

3. 附加到文件

如果要给文件添加内容，而不是覆盖原来的内容，可以用附加模式 'a' 打开文件。这时，Python 不会在返回文件对象前清空文件。要写入的内容会添加到文件的末尾。如果文件不存在，同样会创建一个新的空文件。

假设文件 prog.txt 已经存在，且内容如图 6.11 所示，这时再向这个文件写入两行内容，代码如下：

```
1  # 追加写入两行内容
2  fileName = 'prog.txt'
3  with open(fileName, 'a') as fileObject:
4      fileObject.writelines('I love Game\n')
5  fileObject.writelines('I love Programming game\n')
```

运行后，文件 prog.txt 的内容如图 6.12 所示。

范例 6-6 利用文件读写实现文件的复制。

【范例分析】

假设当前文件目录下有一个图像文件 a.jpg，现在将这个文件复制到当前文件夹的子文件夹 picture 下，并重命名为 b.jpg。利用文件读写来实现，首先以只读方式打开 a.jpg，由于它是一个二进制文件，所以采用 'rb' 打开方式，然后再以写入方式打开 \picture\b.jpg，从 a.jpg 中读出内容，写入到 b.jpg 中，从而实现文件的复制。

图6.12　追加写入两行后效果

【范例源代码与注释】（文件名 example6_6.py）

```
1  # 文件复制 example6_6.py
2  sourceFile = 'a.jpg'
3  targetFile = 'picture\\b.jpg'
4  with open(sourceFile,'rb') as source:
5      with open(targetFile,'wb') as target:
6          for line in source:
7              target.write(line)
8  print("文件复制成功！")
```

【程序运行】

程序运行结果如下：

```
>>>
=================== RESTART ===================
文件复制成功！
```

【范例说明】

程序运行过程中，如果当前目录下没有 picture 文件夹，将会报如下错误：

```
>>>
================== RESTART ==================
Traceback (most recent call last):
  File "…", line 5, in <module>
    with open(targetFile,'wb') as target:
FileNotFoundError: [Errno 2] No such file or directory: 'picture\\b.jpg'
```

所以需要在运行程序之前创建 picture 文件夹。

6.3 文件系统操作

对文件系统的访问大多通过 Python 的标准库 os 模块（关于标准库及模块的详细内容详见第 7 章）实现，该模块是 Python 访问操作系统功能的主要接口。os 模块只是加载模块的前端，对文件系统的操作主要由操作系统来完成。用户不需要考虑底层具体如何工作，只要导入 os 模块，就可以直接调用模块内的函数，完成对系统的操作，主要包括进程管理、运行环境管理及文件系统管理等。其中文件系统主要包括删除/重命名文件，遍历目录树，以及管理文件访问权限等。os 模块提供了一些常见的文件和目录操作函数，见表 6.4。另一个模块 os.path 完成对文件系统中路径名的一些操作。它提供的函数可以完成管理和操作文件路径名中的各个部分，获取文件和子目录信息，文件路径查询等操作。os.path 模块中常用的函数见表 6.5。

表 6.4 os 模块中常用函数

对应函数	说明
remove()	删除文件
rename()	文件重命名
chdir()	改变当前工作目录
listdir()	列出指定目录的文件
getcwd()	返回当前工作目录
mkdir()	创建新的文件夹
rmdir()	删除文件夹

表 6.5 os.path 模块中的常用函数

对应函数	说明
basename()	返回无路径的文件名
dirname()	返回路径名，没有文件名
join()	组合成一个路径
split()	将路径分裂成 dirname 和 basename
exitsts()	判断指定路径是否存在
isdir()	判断是否为一个目录
isfile()	判断是否为一个文件

范例 6-7 编写一个程序，创建一个文件，写入一些数据，然后重命名，最后输出文件的内容。

【范例分析】

由于涉及目录的操作，在创建文件之前，先判断要操作文件所在的目录是否存在，如果目录不存在，需要先创建这个目录。在为这个文件写入一些内容时，可以采用追加或写模式打开。

【范例源代码与注释】（文件名 example6_7.py）

```
1  # 文件及目录操作 example6_7.py
2  import os
3  import os.path
4  rootDir = "C:/study"
5  if os.path.exists(rootDir):
6      if not os.path.isdir(rootDir):
7          print("存在一个同名的文件。")
8  else:
9      os.makedirs(rootDir)
10 os.chdir(rootDir)
11 cwd=os.getcwd()
12 print("当前的工作目录为：")
13 print(cwd)
14 print("列出当前文件夹下的内容：")
15 print(os.listdir(cwd))
16 print("创建文件...")
17 fObj=open('person.txt','a')
18 personList=["张三 \n",'26\n',"学生 \n","人生苦短，我爱Python\n"]
19 fObj.writelines(personList)
20 fObj.close()
21 print("列出更新后文件夹下的内容：")
22 print(os.listdir(cwd))
23 print("打印完整路径：")
24 path=os.path.join(cwd,os.listdir(cwd)[0])
25 print(path)
26 print("路径名和文件名：")
27 print(os.path.split(path))
28 print("文件名和后缀名：")
29 print(os.path.splitext(os.path.basename(path)))
30 print("文件内容：")
31 fObj=open(path)
32 for line in fObj:
33     print(line, end="")
34 fObj.close()
35 while True:
36     delete=input("是否删除(Y/N)?")
```

```
37      if delete in ['Y','N']:
38          break
39      else:
40          print("输入不合法,请继续输入!")
41  if delete =='Y':
42      print("删除测试文件")
43      os.remove(path)
44      print("更新目录")
45      os.chdir(os.pardir)
46      print("删除测试目录")
47      os.rmdir('study')
48      print("操作结束!")
```

【程序运行】

程序运行结果如下:

```
>>>
================ RESTART ================
当前的工作目录为:
C:\study
列出当前文件夹下的内容:
[]
创建文件...
列出更新后文件夹下的内容:
['person.txt']
打印完整路径:
C:\study\person.txt
路径名和文件名:
('C:\\study', 'person.txt')
文件名和后缀名:
('person', '.txt')
文件内容:
张三
26
学生
人生苦短,我爱Python
是否删除(Y/N)?Y
删除测试文件
更新目录
删除测试目录
操作结束!
```

【范例说明】

在创建一个文件时一定要注意文件路径所在的父目录是否存在,正如范例6-6中所述,open()函数只会创建文件,路径不对是不能自动创建文件夹的。

6.4 典型CSV文件应用

6.4.1 CSV 文件格式

生活中有一大类数据可以利用二维表来表示，如成绩单、价格等。表6.6清晰地展示了2016年各个机场的吞吐量。

表6.6 2016各个机场旅客吞吐量（人次）

机　　场	名　　次	本　期　完　成	上　年　同　期
合计		1,016,357,068	914,773,311
北京/首都	1	94,393,454	89,939,049
上海/浦东	2	66,002,414	60,098,073
广州/白云	3	59,732,147	55,201,915
成都/双流	4	46,039,037	42,239,468
昆明/长水	5	41,980,339	37,523,098
深圳/宝安	6	41,975,090	39,721,619
上海/虹桥	7	40,460,135	39,090,865
西安/咸阳	8	36,994,506	32,970,215
重庆/江北	9	35,888,819	32,402,196
杭州/萧山	10	31,594,959	28,354,535

CSV（Comma-Separated Values，逗号分隔值）文件是存储这类数据所使用的一种国际通用且非常简单的文件格式。其文件以纯文本形式存储表格数据（数字和文本），文件的每一行都是一个数据记录。每个记录由一个或多个字段组成，用逗号分隔。使用逗号作为字段分隔符是此文件格式名称的来源，因为分隔字符也可以不是逗号，有时也称为字符分隔值。

CSV广泛用于不同体系结构的应用程序之间交换数据表格信息，解决不兼容数据格式的互通问题，一般按照传输双方既定标准进行格式定义，而其本身并无明确格式标准。

CSV 格式的应用基本规则如下：

（1）纯文本格式，通过单一编码表示字符。
（2）以行为单位，开头不留空行，行之间没有空行。
（3）以半角英文逗号分隔数据，数据为空时也要保留逗号。

按照以上规则，将表6.6用CSV格式文件格式表示如下：

```
机场,名次,本期完成,上年同期
合计,,1016357068,914773311
北京/首都,1,94393454,89939049
上海/浦东,2,66002414,60098073
广州/白云,3,59732147,55201915
成都/双流,4,46039037,42239468
昆明/长水,5,41980339,37523098
深圳/宝安,6,41975090,39721619
上海/虹桥,7,40460135,39090865
西安/咸阳,8,36994506,32970215
重庆/江北,9,35888819,32402196
```

```
杭州/萧山,10,31594959,28354435
```

CSV 格式存储的文件的后缀名一般为 csv，由于它都是纯文本字符，所以可以采用任何文本编辑器直接打开并编辑，如记事本或 Word 等。也可以利用 Office Excel 以表格的形式打开，并进行表格数据处理，应用非常方便。

6.4.2 CSV 文件数据的处理

范例 6-8 根据表 6.6 的 CSV 文件内容，计算各个机场的旅客吞吐量同比增速。

【范例分析】

本例主要包含读入数据、处理数据、写回数据。要利用 Python 处理这些数据，首先需要将数据从 CSV 文件中读出，将每个数据存入列表中，每一行数据存入一个列表，最后将每个列表作为元素，组成一个二维列表。本例中的数据表示成列表形式如下：

```
[
['合计', '', '1016357068', '914773311']
['北京/首都', '1', '94393454', '89939049']
['上海/浦东', '2', '66002414', '60098073']
['广州/白云', '3', '59732147', '55201915']
['成都/双流', '4', '46039037', '42239468']
['昆明/长水', '5', '41980339', '37523098']
['深圳/宝安', '6', '41975090', '39721619']
['上海/虹桥', '7', '40460135', '39090865']
['西安/咸阳', '8', '36994506', '32970215']
['重庆/江北', '9', '35888819', '32402196']
['杭州/萧山', '10', '31594959', '28354435']
]
```

具体实现代码如下：

```
1   # 将 csv 文件读入到列表
2   fileName='throughput.csv'
3   ls = []
4   with open(fileName) as fileObject:
5       for line in fileObject:
6           lineList = line.split(',')
7           lineList[-1]=lineList[-1][:-1]
8           ls.append(lineList)
9   print(ls)
```

以上代码中，第 2 行创建一个空列表，打开文件 throughput.csv 后，直接迭代文件对象。利用 split() 函数将字符串切分，将长字符串切分成小的字符串，并组成列表 lineList，但是由于每行最后一个元素中包含了一个换行符（\n），需要将它删除，利用第 6 行，将列表中最后一个元素的最后一个字符删除。如果没有第 6 行代码，程序的运行结果如下：

```
[['机场', '名次', '本期完成', '上年同期\n'], ['合计', '', '1016357068', '914773311\n'],
['北京/首都', '1', '94393454', '89939049\n'], ['上海/浦东', '2', '66002414', '60098073\n'],
```

```
['广州/白云', '3', '59732147', '55201915\n'], ['成都/双流', '4', '46039037', '42239468\n'],
['昆明/长水', '5', '41980339', '37523098\n'], ['深圳/宝安', '6', '41975090', '39721619\n'],
['上海/虹桥', '7', '40460135', '39090865\n'], ['西安/咸阳', '8', '36994506', '32970215\n'],
['重庆/江北', '9', '35888819', '32402196\n'], ['杭州/萧山', '10', '31594959', '28354435\n']]
```

下面对利用列表里的数据求取同比增速，计算公式为（本期完成 - 上年同期）/ 上年同期，代码如下：

```
1  # 计算同比增速
2  ls[0].append("同比增速%\n")
3  for line in ls[1:]:
4      ratio = 100*(int(line[-2])-int(line[-1]))/int(line[-1])
5      line.append(str(round(ratio,2))+'\n')
6  print(ls)
```

首先，在第一行的末尾增加"同比增速%"字符串，并增加换行符（\n）表示一行内容结束。后面按照公式计算各行相应的增速，最后计算得到的增速值添加到列表尾部，需要注意的是，在最后增加换行符（\n），以上代码运行结果如下：

```
[['机场', '名次', '本期完成', '上年同期', '同比增速%\n'], ['合计', '',
'1016357068', '914773311', '11.1\n'], ['北京/首都', '1', '94393454', '89939049', '4.95\n'],
['上海/浦东', '2', '66002414', '60098073', '9.82\n'], ['广州/白云', '3', '59732147',
'55201915', '8.21\n'], ['成都/双流', '4', '46039037', '42239468', '9.0\n'], ['昆
明/长水', '5', '41980339', '37523098', '11.88\n'], ['深圳/宝安', '6', '41975090',
'39721619', '5.67\n'], ['上海/虹桥', '7', '40460135', '39090865', '3.5\n'], ['西
安/咸阳', '8', '36994506', '32970215', '12.21\n'], ['重庆/江北', '9', '35888819',
'32402196', '10.76\n'], ['杭州/萧山', '10', '31594959', '28354435', '11.43\n']]
```

最后需要将以上列表的内容写回到文件 throughput.csv 中，代码如下：

```
1  # 将结果写回 csv 文件
2  with open(fileName,'w') as fileObject:
3      for lineList in ls:
4          lineStr=','.join(lineList)
5          fileObject.write(lineStr)
```

以写入方式打开这个文件，现在所有的数据信息都存储在 ls 列表中，ls 是一个二维列表，它的元素也是一个列表。与读入相反，写入时需要将列表首先组合成一个字符串，本例中利用 ','.join(lineList)，它会将 lineList 的每一个元素用 ","连接起来，最终形成一个长字符串，然后写入文件中。最后得到的 throughput.csv 文件如下，也可以利用 Excel 打开，如图 6.13 所示，可以看出经过以上程序处理后的 throughput.csv 文件已经增加了同比增速列。

```
机场,名次,本期完成,上年同期,同比增速%
合计,,1016357068,914773311,11.1
北京/首都,1,94393454,89939049,4.95
上海/浦东,2,66002414,60098073,9.82
广州/白云,3,59732147,55201915,8.21
```

```
成都/双流,4,46039037,42239468,9.0
昆明/长水,5,41980339,37523098,11.88
深圳/宝安,6,41975090,39721619,5.67
上海/虹桥,7,40460135,39090865,3.5
西安/咸阳,8,36994506,32970215,12.21
重庆/江北,9,35888819,32402196,10.76
杭州/萧山,10,31594959,28354435,11.43
```

机场	名次	本期完成	上年同期	同比增速%
合计		1016357068	914773311	11.1
北京/首都	1	94393454	89939049	4.95
上海/浦东	2	66002414	60098073	9.82
广州/白云	3	59732147	55201915	8.21
成都/双流	4	46039037	42239468	9
昆明/长水	5	41980339	37523098	11.88
深圳/宝安	6	41975090	39721619	5.67
上海/虹桥	7	40460135	39090865	3.5
西安/咸阳	8	36994506	32970215	12.21
重庆/江北	9	35888819	32402196	10.76
杭州/萧山	10	31594959	28354435	11.43

图6.13 最终csv文件内容

【范例源代码与注释】（文件名 example6_8.py）

完整的处理代码如下：

```python
1  # 处理csv文件 example6_8.py
2  fileName='throughput.csv'
3  ls = []
4  with open(fileName) as fileObject:
5      for line in fileObject:
6          lineList = line.split(',')
7          lineList[-1]=lineList[-1][:-1]
8          ls.append(lineList)
9  ls[0].append("同比增速%\n")
10 for line in ls[1:]:
11     ratio = 100*(int(line[-2])-int(line[-1]))/int(line[-1])
12     line.append(str(round(ratio,2))+'\n')
13 with open(fileName,'w') as fileObject:
14     for lineList in ls:
15         lineStr=','.join(lineList)
16         fileObject.write(lineStr)
```

6.5 综合应用

范例 6-9 对文件内容加密，并生成新的密文文件。

【范例分析】

范例 6-5 中对 Hamlet.txt 文件的片段进行了加密，本范例利用同样原理，将整个文件加密，并将密文存储在新的文件中。处理过程中需要打开两个文件,一个是明文文件,另一个是加密后的密文文件。

【范例源代码与注释】(文件名 example6_9.py)

代码如下:

```
1   # 加密文件 example6_9.py
2   # 加密函数
3   def code(text ,key):
4       codeText = ''
5       for c in text:
6           # 如果是大写字母
7           if 'A'<=c<='Z':
8               # 加上密钥之后仍在大写字母范围内
9               if ord(c)+key<=ord('Z'):
10                  c = chr(ord(c)+key)
11              # 加上密钥之后超出大写字母范围
12              else:
13                  c = chr(ord(c)+key-26)
14          # 如果是小写字母
15          elif 'a'<=c<='z':
16              if ord(c)+key<=ord('z'):
17                  c = chr(ord(c)+key)
18              else:
19                  c = chr(ord(c)+key-26)
20          codeText += c
21      return codeText
22  filename = 'Hamlet.txt'
23  targetFile='codedHamlet.txt'
24  with open(filename,'r') as source:
25      with open(targetFile,'w') as target:
26          for line in source:
27              # 密钥为 4
28              lineNew=code(line,4)
29              target.write(lineNew)
30  print(" 文件加密成功!")
```

【程序运行】

程序运行结果如下:

```
>>>
================== RESTART ==================
文件加密成功!
```

文件加密前后内容对比如图 6.14 和图 6.15 所示。

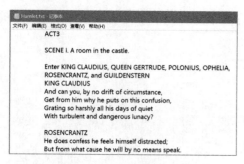

图6.14 加密前内容片段

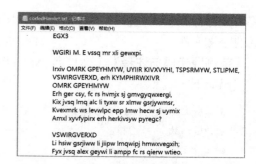

图6.15 加密后内容片段

【范例说明】

利用两个嵌套的 with 语句处理两个文件,打开文件后,直接按行迭代文件,然后对当前行加密,所使用的密钥为 4。感兴趣的读者可以将密钥做成用户的一个输入。请仿照以上程序,将密文解码成明文。

范例 6-10 圆周率值中包含你的生日吗?

【范例分析】

前面例子中,应用了一个含有 30 位小数的 pi 值文件,现在有一个包含 1 000 000 位小数的 pi 的文件,如图 6.16 所示,来看看你的生日是否包含在圆周率值的前 1 000 000 中,如果存在则指出其所在的位置。

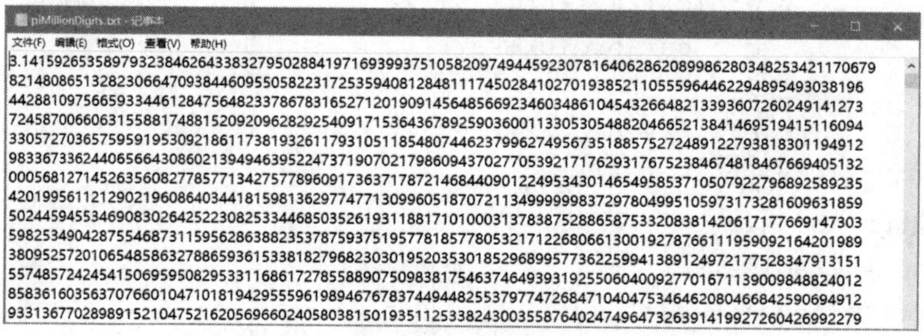

图6.16 圆周率文件片段

思路很简单,就是将包含 1 000 000 为小数的 pi 值读入,并拼接成一个长字符串,然后在字符串内查找,查找时可以从头开始依次匹配,如果匹配到了要查找的生日,则结束。具体匹配时采用最简单的匹配方法,即从第一字符开始,切片 6 个字符和生日字符比较,如果相等,则找到了生日。如果不相等,那么从下一个字符出再切片出 6 个字符,再进行比较,一直重复这个过程,直到找到生日字符串或找到文件结束。

【范例源代码与注释】(文件名 example6_10.py)

```
1   # 查找生日字符串 example6_10.py
2   fileName = 'piMillionDigits.txt'
3   with open(fileName) as fileObject:
4       lines = fileObject.readlines()
5       piStr = ''
6       for line in lines:
7           piStr += line.strip()
```

```
8   birthday = input("请输入你的生日（如000101）:")
9   for i in range(len(piStr)-6):
10      if birthday ==  piStr[i:i+6]:
11          print("恭喜你,你生日在pi值的第{}位。".format(i))
12          break
13  else:
14      print("很遗憾,你的生日没有出现在pi的前1000000中。")
```

【程序运行】

程序运行结果如下：

```
>>>
================ RESTART ================
请输入你的生日（如000101）:000101
恭喜你,你生日在pi值的第151853位。
>>>
================ RESTART ================
请输入你的生日（如000101）:120312
恭喜你,你生日在pi值的第146577位。
>>>
================ RESTART ================
请输入你的生日（如000101）:840608
很遗憾,你的生日没有出现在pi的前1000000中。
```

【范例说明】

如果不需要指出在第几位，可以直接使用in运算符来判断生日字符串是否出现。如果出现，那么in表示式的值为True，否则为False。更改代码如下：

```
1   # 查找生日字符串
2   fileName = 'piMillionDigits.txt'
3   with open(fileName) as fileObject:
4       lines = fileObject.readlines()
5       piStr = ''
6       for line in lines:
7           piStr += line.strip()
8   birthday = input("请输入你的生日（如000101）:")
9   if birthday in piStr:
10      print("恭喜你,你生日在pi值中出现了。")
11  else:
12      print("很遗憾,你的生日没有出现在pi的前1000000中。")
```

范例 6-11 英文文章词频统计。

【范例分析】

词频是一种用于情报检索与文本挖掘的常用加权技术，用以评估一个词对于一个文件或者一个语料库中的一个领域文件集的重要程度。字词的重要性随着它在文件中出现的次数成正比增加，但同时会随着它在语料库中出现的频率成反比下降。

统计莎士比亚的剧本《哈姆雷特》中各个单词出现的频率，并按照大小顺序显示出来。本例的处理思路大致分为以下几个步骤：

（1）把原文进行预处理，去除掉可能影响到统计的特殊字符。
（2）把英文文章的每个单词放到列表里。
（3）遍历列表，对每个单词出现的次数进行统计，并将结果存储在字典中。
（4）以字典键值对的"值"为标准，对字典进行排序，输出结果。

首先进行预处理，将文件读入后，拼接成一个长字符串。由于只是统计文章中相关英文单词的频率，为消除一些特殊字符的影响，可以将所有非字母字符转化成空格。代码如下：

```
1   # 将非字母字符转化成空格
2   fileName = 'Hamlet1.txt'
3   chars='ABCDEFGHIJKLMNOPQRSTUVWYZabcdefghijklmnopqrstuvwxyz'
4   strAll = ''
5   with open(fileName) as fileObject:
6       for strLine in fileObject:
7           for char in strLine:
8               if char not in chars:
9                   strAll += ' '
10              else:
11                  strAll += char
```

然后利用split()函数将字符串切分成单词列表，按照空格来切分，由于之前将特殊字符都转换成了空格，所以切分出来的列表中会包含大量的空格。再一次遍历列表，删除所有的空格。代码如下：

```
1   # 切分后删除所有空格
2   charAll = strAll.split(' ')
3   charList=[]
4   for char in charAll:
5       if char:
6           charList.append(char)
```

遍历去除空格后的列表，利用字典统计各个单词出现的次数，代码如下：

```
1   # 利用字典统计出现频次
2   wordFreq=dict()
3   for word in charList:
4       wordFreq[word]=wordFreq.get(word,0)+1
```

由于字典是无序的，所以利用items()方法将其转化成列表，并对列表进行排序，代码如下：

```
1   # 按频次排序
2   sortFreq = sorted(wordFreq.items(), key = lambda e:e[1], reverse=True)
```

排序结束后，显示前20个频率较高的单词。

【范例源代码与注释】（文件名example6_11.py）

```
1   # 词频统计 example6_11.py
```

```
2  fileName = 'Hamlet.txt'
3  chars='ABCDEFGHIJKLMNOPQRSTUVWYZabcdefghijklmnopqrstuvwxyz'
4  strAll = ''
5  with open(fileName) as fileObject:
6      for strLine in fileObject:
7          for char in strLine:
8              if char not in chars:
9                  strAll += ' '
10             else:
11                 strAll += char
12 charAll = strAll.split(' ')
13 charList=[]
14 for char in charAll:
15     if char:
16         charList.append(char)
17 wordFreq=dict()
18 for word in charList:
19     wordFreq[word]=wordFreq.get(word,0)+1
20 sortFreq = sorted(wordFreq.items(), key = lambda e:e[1], reverse=True)
21 for i in range(20):
22     print(sortFreq[i])
```

【程序运行】

程序运行结果如下:

```
>>> 
================== RESTART ==================
('the', 991)
('and', 703)
('to', 631)
('of', 626)
('I', 607)
('you', 503)
('a', 468)
('my', 441)
('in', 414)
('HAMLET', 387)
('it', 363)
('is', 328)
('not', 300)
('his', 279)
('that', 276)
('And', 263)
('this', 248)
('s', 236)
```

```
('me', 235)
('your', 225)
```

【范例说明】

可以发现，出现频次前 20 位的单词都是一些代词、介词等，并没有任何实际意义。感兴趣的读者可以进一步处理，删除这些无用的词，分析出一些有意义的结果。

课后练习

1. 什么是文件？文本文件与二进制文件有什么区别？
2. 操作文件的一般步骤是什么？
3. 写出满足下列条件的 open() 函数：
（1）建立一个新的文本文件 textNew.txt，供用户写入数据。
（2）打开一个旧的二进制文件 binOld.dat，用户从该文件中读出数据。
（3）打开一个旧的文本文件 textOld.txt，用户将在该文件后面添加数据。
4. 将范例中用到的 hamlet.txt 中所有的单词都变成大写，并写回到 hamlet。
5. 从网上查找其他英文名著，统计该文章中的各个单词的词频。
6. 输入一段字符串，过滤此字符串，只保留字符串中的字母字符，并将所有的字母变成大写后存入新建的文件之中。
7. 创建一个关于英语六级考试成绩的 CSV 文件，其中每个学生记录包括准考证号、学号、姓名、英语六级成绩和考试时间，统计其中的最高分，最低分以及平均分，然后将该三组数据存入新建的 CSV 文件之中。
8. 检测一个文件夹下的文件格式，将其中 .jpg 格式的文件复制到新建的文件夹下，并将原文件夹下的 .jpg 格式文件全部删除。

第 7 章

模块和库

本章介绍 Python 语言中常见的模块及如何把函数封装成模块,并导入到当前程序中,同时涉及相关的概念。本章还会简要介绍常见的标准库,包括 math、time、datetime 和 random。第三方库是 Python 计算生态中的重要资源,本章抛砖引玉,给出了几个最为常用的第三方库。

本章重点知识

- 模块、包和库的概念
- 模块和库的使用方法
- 几个重要的标准库
- 第三方库的安装方法
- 使用常见的第三方库

7.1 模块和库的概念

7.1.1 模块、包和库

之前看到的程序代码都比较短。一般来讲,对于稍微复杂一些的程序,在开发过程中,随着程序代码越写越多,在同一个文件里的代码会越来越长,越来越不容易维护。为了使代码便于维护,按照一定的规则把函数分组,分别放到不同的文件里,这样,每个文件包含的代码就相对较少,很多编程语言都采用这种组织代码的方式。在 Python 中,一个 .py 文件就可称为一个模块(Module)。

使用模块的好处包括以下几点:

(1)大大提高了代码的可维护性。

(2)便于代码复用。编写代码不必从零开始。当一个模块编写完毕,就可以被其他地方引用。我们在编写程序的时候,也经常引用其他模块,包括 Python 内置的模块和来自第三方的模块。

(3)使用模块还可以避免函数名和变量名冲突。相同名字的函数和变量可以分别存在不同的模块中,因此,在编写模块时,不必考虑名字会与其他模块冲突。但是也要注意,尽量不要与内置函数名字冲突。

在模块的概念之上,为了更方便地管理各个不同的模块,Python 又引入了按目录来组织模块的方法,称为包(Package)。包目录下第一个文件便是 __init__.py,然后是一些模块文件和子目录，假如子目录中也有 __init__.py，那么它就是这个包的子包了。

例如，abc.py 的文件就是名字叫 abc 的模块，xyz.py 的文件就是名字叫 xyz 的模块。

现在，假设 abc 和 xyz 这两个模块名字与其他模块冲突了，则可以通过包来组织模块，避免冲突。方法是选择一个顶层包名，比如 mypackage，按照如下目录存放：

```
mypackage
├── __init__.py
├── abc.py
└── xyz.py
```

引入了包以后，只要顶层的包名不与其他冲突，那所有模块都不会发生冲突。现在，abc.py 模块的名字就变成了 mypackage.abc。类似地，xyz.py 的模块名变成了 mypackage.xyz。

每一个包目录下面都会有一个 __init__.py 的文件，这个文件是必须存在的，否则，Python 就把这个目录当成普通目录，而不是一个包。__init__.py 可以是空文件，也可以由 Python 代码，因为 __init__.py 本身就是一个模块，而它的模块名就是 mypackage。

类似地，可以有多级目录，组成多级层次的包结构。目录结构如下：

```
mypackage
├── web
│   ├── __init__.py
│   ├── utils.py
│   └── www.py
├── __init__.py
├── utils.py
└── xyz.py
```

文件 www.py 的模块名就是 mypackage.web.www，两个文件 utils.py 的模块名分别是 mypackage.utils 和 mypackage.web.utils。

库是指 Python 中完成一定功能的代码集合，供用户使用的代码组合。这是 Python 的一大特色之一，在 Python 中库是包和模块的形式，Python 具有强大的标准库、第三方库以及自定义模块。

7.1.2 模块和包的使用

想要利用其他模块、包、库中函数和变量等，需要在使用之前引入到当前模块下，Python 中常见的引入语句有以下两种。

1. import 语句

模块定义好后，可以使用 import 语句来引入模块，语法如下：

```
import module1[, module2[,... moduleN]]
```

比如当前模块需要使用 math 模块的函数或变量，首先就要引用这个模块，可以在当前模块最开始的地方用 import math 来引入。这样就可以调用 math 模块中的函数了，调用的方式如下：

```
模块名.函数名
```

由于每次调用都要提供模块名，有时会利用 as 语句为模块名在引入时取一个简洁的别名，语法如下：

```
import modname as anothername
```

这样，后面调用 modname 模块中的内容时就可以直接用别名 anothername。

例如：使用 math 模块中的 pi 值和 sin 函数。

```
>>> import math
>>> math.pi
3.141592653589793
>>> math.sin(3.14)
0.0015926529164868282
>>> math.sin(math.pi)
1.2246467991473532e-16
```

当解释器遇到 import 语句，如果模块在当前的搜索路径就会被导入。一个模块只会被导入一次，不管你执行了多少次 import。这样可以防止导入模块被一遍又一遍地执行。

2. from…import 语句

如果引入模块的目的只是为了使用这个模块中的一个或几个函数或变量等，这时可以使用 Python 的 from 语句，这个语句从模块中导入一个指定的部分到当前模块中。语法如下：

```
from modname import name1[, name2[, ... nameN]]
```

例如，只需导入模块 math 的 sin() 函数，使用语句如下：

```
from math import sin
```

这个导入语句不会把整个 math 模块导入到当前模块中，它只会将 math 里的 sin() 函数引入到执行这个语句的模块中。引入后，直接使用函数名调用所引入的函数，代码如下：

```
>>> from math import sin
>>> sin(3.14)
0.0015926529164868282
>>> sin(pi)
Traceback (most recent call last):
  File "<pyshell#6>", line 1, in <module>
    sin(pi)
NameError: name 'pi' is not defined
```

当计算 sin(pi) 时，程序发生了错误，因为只引入了 math 库中的 sin() 函数，并没有引入 pi 这个变量，所以计算 sin(pi) 时，会发现 pi 并未被定义，引发错误。

利用 from…import 语句也可以把一个模块的所有内容全都导入到当前模块中，只需使用如下语句：

```
from modname import *
```

这提供了一个简单的方法来导入一个模块中的所有内容。例如想一次性引入 math 模块中所有的东西，语句如下：

```
from math import *
```

这样就可以直接调用 math 里面函数。语句如下：

```
>>> from math import *
>>> sin(3.14)
0.0015926529164868282
>>> sin(pi)
1.2246467991473532e-16
```

需要注意的是，import modname 和 from modname import * 都可以将 modname 模块下的内容引入到当前模块下，但是它们的调用方式不同，前者需要提供模块名，后者可以直接调用。

7.2 标准库

Python 拥有一个强大的标准库，包括了很多的模块。标准库会随着 Python 解释器，一起安装在计算机中的。它是 Python 的一个组成部分。从 Python 语言自身特定的类型和声明，到一些只用于少数程序的不著名的模块。这些标准库是 Python 准备好的利器，可以让编程事半功倍。Python 语言的核心只包含数字、字符串、列表、字典、文件等常见类型和函数，而由 Python 标准库提供了系统管理、网络通信、文本处理、数据库接口、图形系统、XML 处理等额外的功能。任何大型 Python 程序都有可能直接或间接地使用到这些模块。

Python 标准库的主要功能有以下 7 个：

（1）文本处理，包含文本格式化、正则表达式匹配、文本差异计算与合并、Unicode 支持、二进制数据处理等功能。

（2）文件处理，包含文件操作、创建临时文件、文件压缩与归档、操作配置文件等功能。

（3）操作系统功能，包含线程与进程支持、I/O 复用、日期与时间处理、调用系统函数、日志（logging）等功能。

（4）网络通信，包含网络套接字、SSL 加密通信、异步网络通信等功能。

（5）网络协议，支持 HTTP、FTP、SMTP、POP、IMAP、NNTP、XMLRPC 等多种网络协议，并提供了编写网络服务器的框架。

（6）W3C 格式支持，包含 HTML、SGML、XML 的处理。

（7）其他功能，包括国际化支持、数学运算、HASH、Tkinter 等。

下面介绍几个常见的标准库。

7.2.1 time 模块

time 模块中包含一系列函数，主要用于获取当前时间以及按照不同方式进行时间格式化。另外也可以在程序运行过程中计时，来大致计算程序运行所需要的时长。

time 模块中与时间相关的一些概念如下：

（1）时间戳（timestamp）：通常来说，时间戳表示的是从 1970 年 1 月 1 日开始按秒计算的偏移量，此模块中的函数无法处理 1970 纪元年以前的时间或太遥远的未来（处理极限取决于函数库，对于 32 位系统而言，是 2038 年）。

（2）UTC（Coordinated Universal Time，世界协调时）：也叫格林尼治天文时间，是世

界标准时间，在我国为UTC+8。

（3）DST（Daylight Saving Time）：即夏令时。

（4）时间元组（struct_time）：time模块有时会按照时间元组来存储表示时间。其中几个函数的返回值类型就是struct_time元组类型。时间元组共有9个元素，各个元素的意义见表7.1。

表7.1 时间元组元素意义

索引	属性	值
0	tm_year（年）	比如2011
1	tm_mon（月）	1~12
2	tm_mday（日）	1~31
3	tm_hour（时）	0~23
4	tm_min（分）	0~59
5	tm_sec（秒）	0~61
6	tm_wday（weekday）	0~6（0表示周日）
7	tm_yday（一年中的第几天）	1~366
8	tm_isdst（是否是夏令时）	默认为–1

time模块中的常用函数及其作用见表7.2。

表7.2 time模块的常用函数

函数	说明
time.altzone	返回格林尼治西部的夏令时地区的偏移秒数，如果该地区在格林尼治东部会返回负值（如西欧，包括英国），对夏令时启用地区才能使用
time.asctime([t])	接受时间元组并返回一个可读的形式"Tue May 30 17:17:30 2017"（2017年5月30日周二17时17分30秒）的24个字符的字符串
time.clock()	用以浮点数计算的秒数返回当前的CPU时间，用来衡量不同程序的耗时，比time.time()更有用
time.ctime([secs])	作用相当于asctime(localtime(secs))，未给参数相当于asctime()
time.gmtime([secs])	接收时间戳（1970纪元年后经过的浮点秒数）并返回格林尼治天文时间下的时间元组t(t.tm_isdst始终为0)
time.localtime([secs])	接收时间戳（1970纪元年后经过的浮点秒数）并返回当地时间下的时间元组t(t.tm_isdst可取为0或1，取决于当地当时是不是夏令时)
time.mktime(t)	接受时间元组并返回时间戳（1970纪元年后经过的浮点秒数）
time.perf_counter()	返回计时器的精准时间（系统的运行时间），包含整个系统的睡眠时间。由于返回值的基准点是未定义的，所以，只有连续调用的结果之间的差才是有效的
time.process_time()	返回当前进程执行CPU的时间总和，不包含睡眠时间。由于返回值的基准点是未定义的，所以只有连续调用的结果之差才是有效的
time.sleep(secs)	推迟调用线程的运行，secs的单位是秒
time.strftime(format[,t])	把一个代表时间的元组或者struct_time（如由time.localtime()和time.gmtime()返回）转化为格式化的时间字符串。如果t未指定，将传入time.localtime()，如果元组中任命一个元素越界，将会抛出ValueError异常
time.strptime(string[,format])	把一个格式化时间字符串转化为struct_time，实际上它和strftie()是逆操作
time.time()	返回当前时间的时间戳（1970元年后的浮点秒数）
time.timezone()	是当地时区(未启动夏令时)距离格林尼治的偏移秒数（美洲>0，欧洲大部分，亚洲，非洲≤0）
time.tzname	包含两个字符串的元组，第一是当地夏令时区的名称，第二是当地的DST时区的名称

应用中经常会将时间在几种格式之间转换，转换时所使用的函数如图7.1所示。

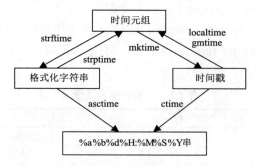

图7.1 时间格式转换

范例 7-1 熟练使用 time 模块中的函数。

【范例分析】

利用 import 语句将 time 库引入，然后调用各个常量和函数，并查看运行结果。

【范例源代码与注释】（文件名 example7_1.py）

```
1   #time 格式转换 example7_1.py
2   import time                              # 导入时间模块
3   print(time.time())                       # 获取时间戳
4   time.sleep(2)                            # 睡2秒
5   print(time.time())                       # 获取时间戳
6   print(time.gmtime())                     # 获取当前世界标准时间 UTC
7   print(time.localtime())                  # 获取当前本地时间
8   print(time.localtime(1234567890))        # 将时间戳转换成元组形式
9   # 返回当前时间戳
10  t = time.time()
11  print("Current time:",t)
12  # 将时间戳转换成当地时间的时间元组
13  1tup1 = time.localtime(t)
14  print(tup1)
15  # 年: tm_year, 月 :tm_mon, 日 :tm_mday
16  print(" 年份: ",tup1.tm_year)
17  print(" 月份: ",tup1.tm_mon)
18  print(" 日期: ",tup1.tm_mday)
19  # 将时间元组转换为时间戳（毫秒会忽略）
20  print("Timestamp is:",time.mktime(tup1))
21  # 获取 CPU 运行时间来获取比较精准的秒数，一般用于时间间隔的获取或比较
22  # 休眠/停止一段时间，指定需要停止的秒数
23  print(" 开始时间: ",time.clock())
24  time.sleep(3)
25  print(" 结束时间 1: ",time.clock())
26  time.sleep(3)
27  print(" 结束时间 2: ",time.clock())
28  # 时间元组转化成格式化时间字符串
```

```
29  tm_str = time.strftime("%Y-%m-%d %H:%M:%S",tup1)
30  print("格式化时间字符串:",tm_str)
31  #等价于
32  print("格式化时间字符串:",time.strftime("%Y-%m-%d %H:%M:%S",tup1))
33  #格式化时间字符串转化成时间元组
34  tup2 = time.strptime(tm_str,"%Y-%m-%d %H:%M:%S")
35  print("时间元组: ",tup2)
36  #等价于
37  print("时间元组: ",time.strptime(tm_str,"%Y-%m-%d %H:%M:%S"))
```

【程序运行】
程序运行结果如下：

```
>>>
================== RESTART ==================
1537321083.613563
1537321085.6421347
 time.struct_time(tm_year=2018, tm_mon=9, tm_mday=19, tm_hour=1, tm_min=38,
tm_sec=5, tm_wday=2, tm_yday=262, tm_isdst=0)
 time.struct_time(tm_year=2018, tm_mon=9, tm_mday=19, tm_hour=9, tm_min=38,
tm_sec=5, tm_wday=2, tm_yday=262, tm_isdst=0)
 time.struct_time(tm_year=2009, tm_mon=2, tm_mday=14, tm_hour=7, tm_min=31,
tm_sec=30, tm_wday=5, tm_yday=45, tm_isdst=0)
 Current time: 1537321085.6980166
 time.struct_time(tm_year=2018, tm_mon=9, tm_mday=19, tm_hour=9, tm_min=38,
tm_sec=5, tm_wday=2, tm_yday=262, tm_isdst=0)
 年份: 2018
 月份: 9
 日期: 19
 Timestamp is: 1537321085.0
 开始时间: 7.052337867633965e-07
 结束时间1: 3.0379109000581463
 结束时间2: 6.092798893065049
 格式化时间字符串: 2018-09-19 09:38:05
 格式化时间字符串: 2018-09-19 09:38:05
 时间元组: time.struct_time(tm_year=2018, tm_mon=9, tm_mday=19, tm_hour=9,
tm_min=38, tm_sec=5, tm_wday=2, tm_yday=262, tm_isdst=-1)
 时间元组: time.struct_time(tm_year=2018, tm_mon=9, tm_mday=19, tm_hour=9,
tm_min=38, tm_sec=5, tm_wday=2, tm_yday=262, tm_isdst=-1)
```

范例 7-2 练习使用 time 模块中的函数进行程序计时。

【范例分析】

在很多应用中需要知道某段程序的运行时长，以判断这段代码的性能。time 模块中提供了三个计时相关的函数：time.clock()、time.perf_counter() 和 time.process_time()。这三个函数均没有定义时间的基准点，所以需要在计时之前调用一次，需要计时的代码之后调用一次，连续调用的结果之间的差就是这段代码的运行时间。

下面程序衡量判断一个数为素数算法中，不同的判断范围会有怎样的性能上的不同。

【范例源代码与注释】（文件名 example7_2.py）

```
1   # 程序计时 example7_2.py
2   # 判断一个数是否为素数
3   def prime1(n):
4       for i in range(2,n):
5           if n%i == 0:
6               return False
7           else:
8               return True
9   # 优化后，判断一个数是否为素数
10  def prime2(n):
11      for i in range(2,int(n**0.5)+1):
12          if n%i == 0:
13              return False
14          else:
15              return True
16  # 找出小于n的最大素数方法1
17  def findMaxPrime1(n):
18      for i in range(n,0,-1):
19          if prime1(i):
20              return i
21  # 找出小于n的最大素数方法2
22  def findMaxPrime2(n):
23      for i in range(n,0,-1):
24          if prime2(i):
25              return i
26  import time
27  n=int(input("输入一个数："))
28  print("time.clock() 计时 ")
29  tStart=time.clock()
30  ifTrue=findMaxPrime1(n)
31  tEnd=time.clock()
32  print("小于这个数的最大素数为：{}，方法1耗时{}".format(ifTrue, tEnd-tStart))
33  tStart=time.clock()
34  ifTrue=findMaxPrime2(n)
35  tEnd=time.clock()
36  print("小于这个数的最大素数为：{}，方法2耗时{}".format(ifTrue, tEnd-tStart))
37  print("time.perf_counter() 计时 ")
38  tStart=time.perf_counter()
39  ifTrue=findMaxPrime1(n)
40  tEnd=time.perf_counter()
41  print("小于这个数的最大素数为：{}，方法1耗时{}".format(ifTrue, tEnd-tStart))
```

```
42  tStart=time.perf_counter()
43  ifTrue=findMaxPrime2(n)
44  tEnd=time.perf_counter()
45  print("小于这个数的最大素数为：{}，方法 2 耗时 {}".format(ifTrue, tEnd-tStart))
46  print("time.process_time() 计时 ")
47  tStart=time.process_time()
48  ifTrue=findMaxPrime1(n)
49  tEnd=time.process_time()
50  print("小于这个数的最大素数为：{}，方法 1 耗时 {}".format(ifTrue, tEnd-tStart))
51  tStart=time.process_time()
52  ifTrue=findMaxPrime2(n)
53  tEnd=time.process_time()
54  print("小于这个数的最大素数为：{}，方法 2 耗时 {}".format(ifTrue, tEnd-tStart))
```

【程序运行】

程序运行结果如下：

```
>>>
================== RESTART ==================
输入一个数：10000000
time.clock() 计时
小于这个数的最大素数为：9999991，方法 1 耗时 1.926779807323077
小于这个数的最大素数为：9999991，方法 2 耗时 0.0007267434172595344
time.perf_counter() 计时
小于这个数的最大素数为：9999991，方法 1 耗时 1.8626673563853102
小于这个数的最大素数为：9999991，方法 2 耗时 0.0003279337108446079
time.process_time() 计时
小于这个数的最大素数为：9999991，方法 1 耗时 1.515625
小于这个数的最大素数为：9999991，方法 2 耗时 0.0
>>>
================== RESTART ==================
输入一个数：100000000
time.clock() 计时
小于这个数的最大素数为：99999989，方法 1 耗时 17.950160423055646
小于这个数的最大素数为：99999989，方法 2 耗时 0.002897453012916884
time.perf_counter() 计时
小于这个数的最大素数为：99999989，方法 1 耗时 19.573531024468437
小于这个数的最大素数为：99999989，方法 2 耗时 0.002945408910413505
time.process_time() 计时
小于这个数的最大素数为：99999989，方法 1 耗时 21.03125
小于这个数的最大素数为：99999989，方法 2 耗时 0.0
```

【范例说明】

通过观察比较运行时间，可以看出，findMaxPrime2() 函数的效率要远远高于 findMaxPrime1() 函数的效率。另外，由于系统原因，不同的计时方法，计时的结果会有所不同。

7.2.2 datetime 模块

介绍 datetime 模块之前,首先简要介绍 Python 面向对象特性中类和对象的概念。类是一个抽象的概念,它是对同种事物的一种抽象描述,比如学生、教师等抽象概念。对象是类的一个实体,比如学生类可以有一个实体张三,教师类可以有一个实体李四等。其中对象均包含本身的属性和方法。属性用来描述实体的特性,方法描述实体的操作。比如张三这个对象包含身高为 178 厘米、体重 60 公斤等属性,可以包含跑步、说话等方法。

面向对象程序设计中,对象是构成应用程序的基本元素。程序中可以使用点号"."来访问对象的属性和方法。如访问对象 a 的 b 属性赋值为 10,对应代码为 a.b=10;调用对象 a 的 f() 方法,对应的代码为 a.f()。

假设程序中有一个学生类 Student,程序中创建一个学生类的对象 Zhangsan,包含身高 height、体重 weight 属性,跑步 run()、说话 speak(words) 方法,其中 speak(words) 方法的参数 words 为所要说的话。现在要查看 Zhangsan 的身高和体重,并让他说出自己的身高和体重,代码如下:

```
h=Zhangsan.height
w=Zhangsan.weight
word =" 我的身高为 "+h+", 我的体重为 "+w
Zhangsan.speak(word)
```

计算机中处理时间和日期是程序中最常用到的功能。datetime 是 Python 处理日期和时间的标准库。它提供了一系列由简单到复杂的时间处理方法。datetime 模块可以从系统中获得时间,并以用户选择的格式输出。datetime 模块以类的方式提供多种日期和时间的处理,datetime 模块中共包含 5 个类,见表 7.3 所示。

表 7.3 datetime 模块中的 5 个类

类	描述
datetime.date	日期,年月日组成
datetime.datetime	包括日期和时间
datetime.time	时间,时分秒及微秒组成
datetime.timedelta	时间间隔
datetime.tzinfo	时区的相关信息

datetime.date 类中常用的属性和方法见表 7.4 和表 7.5。

表 7.4 date 类的常见属性

属性	取值范围
datetime.date.year	MINYEAR ~ MAXYEAR(1 ~ 9999)
datetime.date.month	1 ~ 12
datetime.date.day	1 ~ 根据 year 和 month 来决定(例如 2015年2月 只有 28 天)

表 7.5 datetime.date 中的常见方法

方法	描述
datetime.date.ctime()	返回格式如 Sun Apr 16 00:00:00 2017
datetime.date.fromtimestamp(timestamp)	根据给定的时间戳,返回一个 date 对象;datetime.date. today() 作用相同

方　　法	描　　述
datetime.date.isocalendar()	返回格式如(year，month，day)的元组，(2017, 15, 6)
datetime.date.isoformat()	返回格式如YYYY-MM-DD
datetime.date.isoweekday()	返回给定日期的星期（1～7）星期一=1，星期日=7
datetime.date.replace(year,month,day)	替换给定日期，但不改变原日期
datetime.date.strftime(format)	把日期时间按照给定的format进行格式化。
datetime.date.timetuple()	返回日期对应的time.struct_time对象
datetime.date.weekday()	返回日期的星期

datetime.date 的用法示例如下：

```
>>> import time
>>> from datetime import date
>>> today = date.today()
>>> today
datetime.date(2018, 8, 31)
>>> today == date.fromtimestamp(time.time())
True
>>> my_birthday = date(today.year, 6, 24)
>>> if my_birthday < today:
        my_birthday = my_birthday.replace(year = today.year + 1)
>>> my_birthday
datetime.date(2018, 6, 24)
>>> time_to_birthday = abs(my_birthday - today)
>>> time_to_birthday.days
297
```

datetime.time 类中常用的属性和方法见表 7.6 和表 7.7。

表 7.6　datetime.time 中的常见属性

属　　性	取值范围
datetime.time.hour	0～23
datetime.time.minute	0～59
datetime.time.second	0～59
datetime.time.microsecond	0～999999
datetime.time.tzinfo	通过构造函数的 tzinfo 参数赋值

表 7.7　datetime.time 中的常见方法

方　　法	描　　述
datetime.time.replace()	生成一个新的时间对象，用参数指定时间代替原有对象中的属性
datetime.time.strftime(format)	按照format格式返回时间
datetime.time.tzname()	返回时区名字
datetime.time.utcoffset()	返回时区的时间偏移量

datetime.time 的用法示例如下：

```
>>> from datetime import time, timedelta, tzinfo
```

```
>>> class GMT1(tzinfo):
        def utcoffset(self, dt):
            return timedelta(hours=1)
        def dst(self, dt):
            return timedelta(0)
        def tzname(self, dt):
            return " 欧洲 / 布拉格 "
>>> t = time(14, 10, 30, tzinfo=GMT1())
>>> t
datetime.time(14, 10, 30, tzinfo=<__main__.GMT1 object at 0x02D7FE90>)
>>> gmt = GMT1()
>>> t.isoformat()
'14:10:30+01:00'
>>> t.dst()
datetime.timedelta(0)
>>> t.tzname()
' 欧洲 / 布拉格 '
>>> t.strftime("%H:%M:%S %Z")
'14:10:30 欧洲 / 布拉格 '
>>> 'The {} is {:%H:%M}.'.format("time", t)
'The time is 14:10.'
```

datetime.datetime 类中常用的属性和方法见表 7.8 和表 7.9。

表 7.8 datetime.datetime 中的常见属性

属　性	取　值　范　围
datetime.datetime.year	MINYEAR ~ MAXYEAR（1 ~ 9999）
datetime.datetime.month	1 ~ 12
datetime.datetime.day	1 ~ 根据 year 和 month 来决定（例如 2015年2月 只有 28 天）
datetime.datetime.hour	0 ~ 23
datetime.datetime.minute	0 ~ 59
datetime.datetime.second	0 ~ 59
datetime.datetime.microsecond	0 ~ 999999
datetime.datetime.tzinfo	通过构造函数的 tzinfo 参数赋值

表 7.9 datetime.datetime 中的常见方法

方　法	描　述
datetime.datetime.today()	返回一个表示当前本地时间的 datetime 对象，等同于 datetime.fromtimestamp(time.time())
datetime.datetime.now()	返回一个表示当前本地时间的 datetime 对象
datetime.datetime.utcnow()	返回一个当前 UTC 时间的 datetime 对象
datetime.datetime.fromtimestamp(stamp, tz=None)	根据时间戳创建一个 datetime 对象，参数 tz 指定时区信息
datetime.datetime.utcfromtimestamp (stamp)	根据时间戳创建一个 UTC 时间的 datetime 对象
datetime.datetime.fromordinal(ordinal)	返回对应 Gregorian 日历时间对应的 datetime 对象
datetime.datetime.combine(date, time)	根据参数 date 和 time，创建一个 datetime 对象
datetime.datetime.strptime(date_string, format)	将格式化字符串转换为 datetime 对象

续表

方 法	描 述
datetime.datetime.date()	返回一个 date 对象
datetime.datetime.time()	返回一个 time 对象（tzinfo 属性为 None）
datetime.datetime.timetz()	返回一个 time() 对象（带有 tzinfo 属性）
datetime.datetime.replace()	生成一个新的日期对象，用参数指定日期和时间代替原有对象中的属性
datetime.datetime.astimezone(tz=None)	传入一个新的 tzinfo 属性，返回根据新时区调整好的 datetime 对象
datetime.datetime.utcoffset()	如果 tzinfo 属性是 None，则返回 None；否则返回 self.tzinfo.utcoffset(self)
datetime.datetime.dst()	如果 tzinfo 属性是 None，则返回 None；否则返回 self.tzinfo.dst(self)
datetime.datetime.tzname()	如果 tzinfo 属性是 None，则返回 None；否则返回 self.tzinfo.tzname(self)
datetime.datetime.timetuple()	返回日期对应的 time.struct_time 对象（类似于 time 模块的 time.localtime()）
datetime.datetime.utctimetuple()	返回 UTC 日期对应的 time.struct_time 对象
datetime.datetime.toordinal()	返回日期对应的 Gregorian Calendar 日期（类似于 self.date().toordinal()）
datetime.datetime.timestamp()	返回当前时间的时间戳（类似于 time 模块的 time.time()）
datetime.datetime.weekday()	返回 0~6 表示星期几（星期一是 0，以此类推）
datetime.datetime.isoweekday()	返回 1~7 表示星期几（星期一是 1，以此类推）
datetime.datetime.isocalendar()	返回一个三元组格式 (year, month, day)
datetime.datetime.isoformat(sep='T')	返回一个 ISO 8601 格式的日期字符串，如 "YYYY-MM-DD" 的字符串
datetime.datetime.ctime()	返回一个表示日期的字符串，相当于 time 模块的 time.ctime(time.mktime(d.timetuple()))
datetime.datetime.strftime(format)	返回自定义格式化字符串表示日期

datetime.time 的用法示例如下：

```
>>> from datetime import datetime, date, time
# 使用 datetime.combine()
>>> d = date(2015, 8, 1)
>>> t = time(12, 30)
>>> datetime.combine(d, t)
datetime.datetime(2015, 8, 1, 12, 30)
# 使用 datetime.now() 或 datetime.utcnow()
>>> datetime.now()
datetime.datetime(2014, 8, 31, 18, 13, 40, 858954)
>>> datetime.utcnow()
datetime.datetime(2014, 8, 31, 10, 13, 49, 347984)
# 使用 datetime.srptime()
>>> dt = datetime.strptime("21/11/14 16:30", "%d/%m/%y %H:%M")
>>> dt
datetime.datetime(2014, 11, 21, 16, 30)
# 使用 datetime.timetuple()
```

```
>>> tt = dt.timetuple()
>>> for it in tt:
        print(it)
2014
11
21
16
30
0
4
325
-1
# ISO 格式的日期
>>> ic = dt.isocalendar()
>>> for it in ic:
        print(it)
2014
47
5
# 格式化 datetime 对象
>>> dt.strftime("%A, %d. %B %Y %I:%M%p")
'Friday, 21. November 2014 04:30PM'
>>> 'The {1} is {0:%d}, the {2} is {0:%B}, the {3} is {0:%I:%M%p}.'.format(dt, "day", "month", "time")
'The day is 21, the month is November, the time is 04:30PM.'
```

datetime.timedelta 主要用于处理两个日期或时间之间的间隔，其中 timedelta 对象支持的操作见表 7.10。

表 7.10 timedelta 对象支持的操作

操　　作	结　　果
t1 = t2 + t3	t2和t3的和，随后：t1 - t2 == t3 and t1 - t3 == t2 为 True
t1 = t2 - t3	t2和t3的差，随后：t1 == t2 - t3 and t2 == t1 + t3 为 True
t1 = t2 * i 或 t1 = i * t2	对象乘以一个整数，随后：t1 // i == t2 为 true；且 i != 0
t1 = t2 * f 或 t1 = f * t2	对象乘以一个浮点数，结果四舍五入到精度 timedelta.resolution
f = t2 / t3	t2和t3的商，返回一个float对象
t1 = t2 / f 或 t1 = t2 / i	对象除以一个整数或浮点数，结果四舍五入到精度timedelta.resolution
t1 = t2 // i 或 t1 = t2 // t3	对象地板除一个整数或浮点数，结果舍去小数，返回一个整数
t1 = t2 % t3	t2和t3的余数，返回一个 timedelta 对象
q, r = divmod(t1, t2)	计算 t1 和 t2 的商和余数，q = t1 // t2，r = t1 % t2，q 是一个整数，r 是一个 timedelta 对象
+t1	返回一个 timedelta 对象，且值相同
-t1	等同于 timedelta(-t1.days, -t1.seconds, -t1.microseconds)，并且相当于 t1 * -1
abs(t)	当 t.days >= 0 时，等同于 +t；当 t.days <= 时，等同于 -t
str(t)	返回一个字符串，按照此格式：[D day[s],][H]H:MM:SS[.UUUUUU]
repr(t)	返回一个字符串，按照此格式：datetime.timedelta(D[, S[, U]])

timedelta 的用法示例代码如下：

```
>>> from datetime import timedelta
>>> year = timedelta(days=365)
>>> another_year = timedelta(weeks=40, days=84, hours=23,
...                          minutes=50, seconds=600)   # adds up to 365 days
>>> year.total_seconds()
31536000.0
>>> year == another_year
True
>>> ten_years = 10 * year
>>> ten_years, ten_years.days // 365
(datetime.timedelta(3650), 10)
>>> nine_years = ten_years - year
>>> nine_years, nine_years.days // 365
(datetime.timedelta(3285), 9)
>>> three_years = nine_years // 3;
>>> three_years, three_years.days // 365
(datetime.timedelta(1095), 3)
>>> abs(three_years - ten_years) == 2 * three_years + year
True
```

7.2.3 random 模块

随机数对于程序设计非常重要，有很多重要的应用。例如，用户登录时产生的随机验证码，游戏设计中的很多随机机制等。Python 内置的 random 库下面包含了多个随机数产生函数，可以产生多种类型的随机数。

范例 7-3 生成随机验证码。

【范例分析】

众所周知，验证码在我们的生活中是非常常见的，很多应用涉及各种各样的验证码，如手机支付验证码、用户登录验证码等。这里简要地用一个小案例来实现验证码的功能，可以利用 randomint 函数，也可以使用 choice 函数。

【范例源代码与注释】（文件名 example7_3.py）

```
1   # 随机验证码 example7_3.py
2   import random
3   def code(n=6,alpha=True):
4       # 创建字符串变量，存储生成的验证码
5       s = ''
6       # 通过 for 循环控制验证码位数
7       for i in range(n):
8           # 生成随机数字 0 ~ 9
9           num = random.randint(0,9)
10          if alpha:
11              # 需要字母验证码，不用传参，如果不需要字母的，关键字 alpha=False
```

```
12              upper_alpha = chr(random.randint(65,90))
13              lower_alpha = chr(random.randint(97,122))
14              num = random.choice([num,upper_alpha,lower_alpha])
15          s = s + str(num)
16      return s
17  # 打印6位数字验证码
18  print(code(6,False))
19  # 打印6位数字字母混合验证码
20  print(code(6,True))
21  # 打印4位数字验证码
22  print(code(4,False))
23  # 打印4位数字字母混合验证码
24  print(code(4,True))
```

【程序运行】

程序运行结果如下：

```
>>>
================== RESTART ==================
749486
Z39741
2802
z14T
>>>
================== RESTART ==================
888249
V42kw4
3126
1Y5G
```

【范例说明】

程序中设计了一个产生验证码的 code() 函数，这个函数包含两个参数，一个为验证码的位数，一个为是否包含字母，如果这个参数为 True，则产生字母数字混合验证码，如果为 False，则产生相对简单的数字验证码。函数内部利用 randomint() 函数产生随机数，首先产生一个 0～9 之间的随机数，用于数字验证码，然后产生一个 65～90 之间的随机数，这个范围是大写英文字母的 ASCII 值的范围，用于随机产生一个大写字母。同理，在 97～122 之间用于产生一个随机的小写字母。最后用 choice() 函数在随机产生的数字、小写字母、大写字母再随机挑选一个。

范例 7-4 利用随机数计算定积分。

【范例分析】

设 $f:[a,b] \to [c,d]$ 连续函数，如图 7.2 所示，则由曲线 $y=f(x)$ 以及 x 轴和直线 $x=a$、$x=b$ 围成的面积由定积分 $S=\int_a^b f(x)dx$ 给出。根据几何概型可知 $P(A)=\dfrac{\text{事件区域面积}}{\text{总面积}}$。假设向矩形区域随机平均投镖 n 次，落入阴影为 K 次，又设 M 为 $x=a$、$x=b$、$y=c$、$y=d$ 所围成的矩形面积，

s 为定积分面积，则 $\frac{s}{m} = \frac{k}{n}$，所以 $s = k/n \times M$。

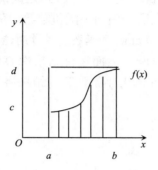

图7.2 定积分示意图

本范例中，假设计算定积分 $S = \int_2^3 x^2 dx$，数学上它的值应该为 19/3。若利用上面的随机方法求 s，则 M=f(b) * (b-a)。

【范例源代码与注释】（文件名 example7_4.py）

```
1   # 随机法计算定积分 example7_4.py
2   from random import random
3   from time import clock
4   def f(x):
5       return x*x
6   a=2
7   b=3
8   DARTS=100000
9   hits=0.0
10  tStart=clock()
11  for i in range(DARTS):
12      x=random()*(b-a)+a
13      y=random()*f(b)
14      if y<f(x):
15          hits += 1
16  sAll = f(b)*(b-a)
17  s=hits/DARTS*sAll
18  tEnd=clock()
19  print("求得的定积分为：",s)
20  print("运行时间为：",tEnd-tStart)
```

【程序运行】
程序运行结果如下：

```
>>>
=================== RESTART ===================
求得的定积分为： 6.33582
运行时间为： 0.31570248866424844
```

【范例说明】

上述代码中，random() 函数随机产生一个在 [0,1) 之间的浮点数，利用 random()*(b–a)+a 可以产生 a、b 之间的一个随机浮点数。用两个随机数给出随机抛点 (x,y) 的坐标，然后计算该点是否落在阴影部分。第一次调用 clock() 函数启动计时器，运算结束后第二次调用 clock() 函数。二者的差就是程序运行的时间。上面运行结果中 DARTS=100000，计算得到结果与 19/3 已经很接近，如果增加 DARTS 的大小，计算的结果将更加接近 19/3，当然相应的运行时间也会更长。

7.3 第三方库

Python 社区提供了大量的第三方模块，使用方式与标准库类似。它们的功能覆盖科学计算、Web 开发、数据库接口、图形系统多个领域。第三方模块可以使用 Python 或者 C 语言编写。SWIG、SIP 常用于将 C 语言编写的程序库转化为 Python 模块。Boost C++Libraries 包含了一组函数库，Boost.Python，使得以 Python 或 C++ 编写的程序能互相调用。Python 常被用作其他语言与工具之间的"胶水"语言。

7.3.1 pip 安装

由于第三方库不是 Python 安装包自带的，所以需要使用第三方库时，需要首先安装这个库。pip 是 Python 官方提供并维护的在线第三方库安装工具。它是一个方便快捷的安装、管理第三方库的工具。它提供了对 Python 包的查找、下载、安装、卸载的功能。

pip 是 Python 内置命令，需要在终端模式命令行中执行。注意，不要在 IDLE 环境中运行 pip 程序。pip 常见命令见表 7.11。

表 7.11 pip 常见命令

命令	说明
install	安装一个第三方库
uninstall	卸载一个第三方库
list	列出已经安装的第三方库
show	显示第三方库详细信息
search	搜索第三方库
download	下载第三方库
help	帮助信息

pip 命令的使用方法如下：

```
pip <command> [options]
```

例如要查看 pip 命令的帮助信息，可以使用 help 命令。运行结果如下，部分效果省略。

```
C:\Users\*** >pip help
Usage:
  pip <command> [options]
Commands:
  install                     Install packages.
  download                    Download packages.
```

```
  uninstall                   Uninstall packages.
  freeze                      Output installed packages in requirements format.
  list                        List installed packages.
  show                        Show information about installed packages.
  check                       Verify installed packages have compatible dependencies.
  search                      Search PyPI for packages.
  wheel                       Build wheels from your requirements.
  hash                        Compute hashes of package archives.
  completion                  A helper command used for command completion.
  help                        Show help for commands.
General Options:
  -h, --help                  Show help.
  --isolated                  Run pip in an isolated mode, ignoring
                              environment variables and user configuration.
  -v, --verbose               Give more output. Option is additive, and can be
                              used up to 3 times.
...
```

当用户使用库安装命令 pip install 时，就会发送包搜索请求，如果找不到的话，重试几次以后放弃。如果找到的话，就会下载那个相关库对应的代码和依赖，本地编译完成以后，安装到本地的 python 的安装目录（一般为 ($(python 安装目录)\lib\site-packages)）。

以安装 jieba 库为例，在命令行运行 pip install jieba 命令，就会自动完成 jieba 库的安装。程序运行结果如下：

```
C:\Users\***>pip install jieba
Collecting jieba
  Downloading
    https://files.pythonhosted.org/packages/71/46/c6f9179f73b818d5827202ad1c4a94e37
1a29473b7f043b736b4dab6b8cd/jieba-0.39.zip (7.3MB)
    100% |████████████████████████████████| 7.3MB 187kB/s
Building wheels for collected packages: jieba
  Running setup.py bdist_wheel for jieba ... done
  Stored in directory: C:\Users\***\AppData\Local\pip\Cache\wheels\c9\
c7\63\a9ec0322 ccc7c365fd51e475942a82395807186e94f0522243
Successfully built jieba
Installing collected packages: jieba
Successfully installed jieba-0.39
```

在卸载一个不再需要的第三方库时，可以使用 unistall 命令，以卸载 jieba 库为例，程序运行结果如下：

```
C:\Users\***>pip uninstall jieba
Uninstalling jieba-0.39:
...
Proceed (y/n)? y
  Successfully uninstalled jieba-0.39
```

list 命令会列出所有当前系统中安装的第三方库，运行结果如下：

```
C:\Users\***>pip list
DEPRECATION: The default format will switch to columns in the future. You
can use --format=(legacy|columns) (or define a format=(legacy|columns) in your
pip.conf under the [list] section) to disable this warning.
absl-py (0.1.11)
altgraph (0.15)
astor (0.6.2)
beautifulsoup4 (4.6.0)
bleach (1.5.0)
bottle (0.12.13)
certifi (2018.1.18)
chardet (3.0.4)
...
```

show 命令可以用来查看第三方库的详细信息，以 jieba 库为例，运行结果如下：

```
C:\Users\***>pip show jieba
Name: jieba
Version: 0.39
Summary: Chinese Words Segementation Utilities
Home-page: https://github.com/fxsjy/jieba
Author: Sun, Junyi
Author-email: ccnusjy@gmail.com
License: MIT
Location: c:\users\junkda\appdata\local\programs\python\python35\lib\site-packages
Requires:
```

7.3.2 jieba 库

jieba 是 Python 实现的分词库，对中文有着很强大的分词能力。jieba 支持以下三种分词模式：

（1）精确模式：试图将句子最精确地切开，以适合文本分析。

（2）全模式：把句子中所有的可以成词的词语都扫描出来，速度非常快，但是不能解决歧义。

（3）搜索引擎模式：在精确模式的基础上，对长词再次切分，提高召回率，适合用于搜索引擎分词。

jieba 中主要包含三个用于分词的函数：cut()、lcut() 及 lcut_for_search()。

jieba.cut 方法接收三个输入参数：需要分词的字符串，ut_all 参数用来控制是否采用全模式，HMM 参数用来控制是否使用 HMM 模型。jieba.cut_for_search 方法接受两个参数：需要分词的字符串，是否使用 HMM 模型。该方法适合用于搜索引擎构建倒排索引的分词，粒度比较细。待分词的字符串可以是 unicode 或 UTF-8 字符串、GBK 字符串。jieba.cut 和 jieba.cut_for_search 返回的结构都是一个可迭代的生成器，可以使用 for 循环来获得分词后得到的每一个词语（unicode），或者用 jieba.lcut 和 jieba.lcut_for_search 直接返回 list。几个常见函数的用法如下：

```
1   #jieba常见用法
2   import jieba
3   # 全模式
4   seg_list = jieba.cut("我来到中国天津东丽区中国民航大学", cut_all=True)
5   print("Full Mode: " + "/ ".join(seg_list))
6   # 精确模式
7   seg_list = jieba.cut("我来到中国天津东丽区中国民航大学", cut_all=False)
8   print("Default Mode: " + "/ ".join(seg_list))
9   # 默认是精确模式
10  seg_list = jieba.cut("他来到了民航科技大厦")
11  print(", ".join(seg_list))
12  # 搜索引擎模式
13  seg_list = jieba.cut_for_search("小明毕业于中国民航大学,后在日本京都大学深造")
14  print(", ".join(seg_list))
```

程序运行结果如下：

```
Full Mode: 我/ 来到/ 中国/ 天津/ 东丽/ 东丽区/ 中国/ 中国民航/ 国民/ 民航/ 大学
Default Mode: 我/ 来到/ 中国/ 天津/ 东丽区/ 中国民航/ 大学
他, 来到, 了, 民航, 科技, 大厦
小明, 毕业, 于, 中国, 国民, 民航, 中国民航, 大学, , , 后, 在, 日本, 京都, 大学, 日本京都大学, 深造
```

范例 7-5 中文文本词频分析。

【范例分析】

词频分析时，中文文本与英文文本最大的不同是中文文本需要首先对句子进行分词，而英文不需要，英文的词与词之间有空格表示，而中文没有。在词语频率统计之前，导入jieba库，首先对句子分词，然后统计其次数。

本范例中，统计鲁迅《故乡》的词频，通过高频词分析能够捕捉到作者重点描述的人物、事物、场景等信息。当然，本例题还可以进一步优化，比如只关注人物、只关注场景等，读者可以在源程序上进行修改实现。

【范例源代码与注释】（文件名example7_5.py）

```
1   #中文文本词频分析example7_5.py
2   import jieba
3   book=input("请输入要分析的文件：")
4   txt = open(book,"r",encoding='utf-8').read()
5   ls = []
6   words = jieba.lcut(txt)
7   counts = {}
8   for word in words:
9       ls.append(word)
10      if len(word) == 1:
11          continue
```

```
12      else:
13          counts[word] = counts.get(word,0)+1
14 items = list(counts.items())
15 items.sort(key = lambda x:x[1], reverse = True)
16 print(book+"词频统计结果为：")
17 for i in range(20):
18     word , count = items[i]
19     print ("{:<10}{:>5}".format(word,count))
```

【程序运行】

程序运行结果如下：

```
>>>
================== RESTART ==================
请输入要分析的文件：故乡.txt
Building prefix dict from the default dictionary ...
Loading model from cache C:\Users\***\AppData\Local\Temp\jieba.cache
Loading model cost 1.169 seconds.
Prefix dict has been built succesfully.
故乡.txt 词频统计结果为：
闰土          10
没有           9
知道           9
我们           7
父亲           7
故乡           6
只是           5
母亲           5
海边           5
时候           4
已经           4
许多           4
现在           4
东西           4
自己           3
罢了           3
什么           3
老屋           3
所以           3
而且           3
```

7.3.3 PIL 库

PIL 库主要用于处理数字图像，在详细讲解 PIL 库之前，首先简要介绍数字图像的概念。简单地说，数字图像就是能够在计算机上显示和处理的图像，根据其特性可分为两大类——位图和矢量图。位图通常使用数字阵列来表示，常见格式有 BMP、JPG、GIF 等；矢量图由矢量数据库表示，平时接触最多的就是 PNG 图形。

可以将一幅图像视为一个二维函数 $f(x, y)$，其中 x 和 y 是空间坐标，而在 x-y 平面中的任意一对空间坐标 (x, y) 上的幅值 f 称为该点图像的灰度、亮度或强度。此时，如果 f、x、y 均为非负有限离散，则称该图像为数字图像。一个大小为 M×N 的数字图像是由 M 行 N 列的有限元素组成的，每个元素都有特定的位置和幅值，代表了其所在行列位置上的图像物理信息，如灰度和色彩等。这些元素被称为图像元素或像素。根据像素的不同数据表示，可以将图像分为 RGB 图像、灰度图像、二值图像，如图 7.3 所示。

图7.3　RGB图像、灰度图像、二值图像

1. 二值图像

只有黑、白两种颜色的图像称为二值图像。在二值图像中，像素只有 0 和 1 两种取值，一般用 0 来表示黑色，用 1 表示白色。

2. 灰度图像

在二值图像中进一步加入许多介于黑色与白色之间的颜色深度，就构成了灰度图像。这类图像通常显示为从最暗黑色到最亮的白色的灰度，每种灰度（颜色深度）称为一个灰度级，通常用 L 表示。在灰度图像中，像素可以取 0～L-1 之间的整数值，根据保存灰度数值所使用的数据类型的不同，可能有 256 种取值或者 2^k 种取值，当 k=1 时即退化为二值图像。

3. RGB 图像

众所周知，自然界中几乎所有颜色都可以由红（Red, R）、绿（Green, G）、蓝（Blue, B）三种颜色组合而成，通常称它们为 RGB 三原色。计算机显示彩色图像时采用最多的就是 RGB 模型。对于每个像素，通过控制 R、G、B 三原色的合成比例则可决定该像素的最终显示颜色。对于三原色 RGB 中的每一种颜色，可以像灰度图那样使用 L 个等级来表示含有这种颜色成分的多少。例如对于含有 256 个等级的红色，0 表示不含红色，255 表示含有 100% 红色。同样，绿色和蓝色也可以划分为 256 个等级。这样每种原色可以用 8 位二进制数据表示，于是三原色总共需要 24 位二进制数，这样能够表示出的颜色种类数目为 $256×256×256=2^{24}$，大约有 1 600 万种，已经远远超过普通人所能分辨出的颜色数目。RGB 颜色代码可以使用十六进制数以减少书写长度，按照两位一组的方式依次书写 R、G、B 三种颜色的级别。未经压缩的原始 BMP 文件就是使用 RGB 标准给出的 3 个数值来存储图像数据的，称为 RGB 图像。在 RGB 图像中每个像素都是用 24 位二进制数表示，故也称为 24 位真彩色图像。

PIL（Python Image Library）是 Python 的第三方图像处理库，但是由于其强大的功能与众多的使用人数，几乎已经被认为是 Python 官方图像处理库了。PIL 历史悠久，原来是只支持 Python 2.x 的版本的，后来出现了移植到 Python 3 的库 pillow，pillow 号称是 friendly fork for PIL，其功能和 PIL 差不多，但是支持 Python 3。

Image 类是 PIL 中的核心类，有很多种方式来对它进行初始化，比如从文件中加载一张图像，处理其他形式的图像，或者是从头创造一张图像等。利用 PIL 库可以使图像处理变得非常简单。

PIL 库中设计了大量的图像处理函数，涵盖了切片、旋转、滤镜、输出文字、调色板等很多功能，下面通过几个范例来实践 PIL 库的应用。

范例 7-6 利用 PIL 进行简单图像变换。

【范例分析】

利用 PIL 库进行数字图像处理的一般步骤如下：

（1）利用 open() 函数打开图像。

（2）处理图像。

（3）利用 save() 函数保存图像，同时可以利用 show() 函数显示图像。

本范例直接利用 PIL 提供的变换函数对 lena 图像进行一个简单的变换，体会数字图像处理的步骤及利用 PIL 的方便之处。

【范例源代码与注释】（文件名 example7_6.py）

```
1   #PIL 简单应用 example7_6.py
2   from PIL import Image, ImageFilter
3   # 打开一个 jpg 图像文件
4   im = fmage.open('lena.jpg')
5   # 显示图像
6   im.show()
7   # 利用 BLUR 滤波器处理
8   im1 = im.filter(ImageFilter.BLUR)
9   im1.save('lenaBLUR.jpg')
10  # 利用 CONTOUR 滤波器处理
11  im2 = im.filter(ImageFilter.CONTOUR)
12  im2.save('lenaCONTOUR.jpg')
13  # 利用 EMBOSS 滤波器处理
14  im3 = im.filter(ImageFilter.EMBOSS)
15  im3.save('lenaEMBOSS.jpg')
```

【程序运行】

程序运行结束后，当前程序运行的文件夹下会新产生三个处理后的 jpg 文件，分别为利用 BLUR 模糊滤波器、CONTOUR 边缘滤波器和 EMBOSS 浮雕滤波器的处理结果，如图 7.4 所示。

【范例说明】

PIL 在 Filter 方面的支持是非常完备的，除常见的模糊、浮雕、轮廓、边缘增强和平滑，还有中值滤波、ModeFilter 等。这些 Filter 都放置在 ImageFilter 模块中，ImageFilter 主要包括两部分内容，一是内置的 Filter，如 BLUR、DETAIL 等，另一部分是 Filter() 函数，可以指定不同的参数以获得不同的效果。

lena 原图　　　　　　lenaBLUR　　　　　　lenaCONTOUR　　　　　lenaEMBOSS

图7.4　各个滤波器处理效果

范例 7-7 利用 PIL 产生随机图片验证码。

【范例分析】

目前很多账号登录页面都会设置随机图片验证码，本范例通过 PIL 库来产生一个 4 位的字母随机码。处理的思路非常简单，首先利用 random 模块来产生 4 位随机码，然后将随机码打印到一个随机图像上，再进一步模糊图像。

【范例源代码与注释】（文件名 example7_7.py）

```
1   # 产生图片随机码 example7_7.py
2   from PIL import Image, ImageDraw, ImageFont, ImageFilter
3   import random
4   # 产生随机字母函数
5   def rndChar():
6       return chr(random.randint(65, 90))
7   # 产生随机颜色函数
8   def rndColor():
9       return (random.randint(64, 255), random.randint(64, 255), random.randint(64, 255))
10  # 产生随机颜色函数
11  def rndColor2():
12      return (random.randint(32, 127), random.randint(32, 127), random.randint(32, 127))
13  # 图像大小 240 x 60
14  width = 60 * 4
15  height = 60
16  image = Image.new('RGB', (width, height), (255, 255, 255))
17  # 创建 Font 对象
18  font = ImageFont.truetype('simhei.ttf', 36)
19  # 创建 Draw 对象
20  draw = ImageDraw.Draw(image)
21  # 填充每个像素
22  for x in range(width):
23      for y in range(height):
24          draw.point((x, y), fill=rndColor())
25  # 输出文字
26  for t in range(4):
```

```
27        draw.text((60 * t + 10, 10), rndChar(), font=font, fill=rndColor2())
28 # 模糊
29 image = image.filter(ImageFilter.BLUR)
30 image.save('code.jpg', 'jpeg')
```

【程序运行】

程序运行结束后，当前程序运行的文件夹下会产生一个新的 code.jpg 文件，运行程序两次，查看所产生的图片随机验证码，如图 7.5 所示。

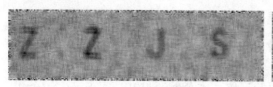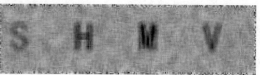

图7.5　产生的图片随机验证码示意图

范例 7-8 利用 PIL 操作图像像素。

【范例分析】

很多时候在进行图像处理时，需要对像素进行操作，本范例通过设置图像中每个像素的 R、G、B 值，来合成一张有意思的图像。Kyle McCormick 在 StackExchange 上发起了一个叫作 Tweetable Mathematical Art 的比赛，参赛者需要用三条推特这么长的代码来生成一张图片。具体地说，参赛者需要用 C++ 语言编写 RD、GR、BL 三个函数，每个函数都不能超过 140 个字符。每个函数都会接到 i 和 j 两个整型参数（$0 \leqslant i, j \leqslant 1023$），然后需要返回一个 0～255 的整数，表示位于 (i, j) 的像素点的颜色值。举个例子，如果 RD(0, 0) 和 GR(0, 0) 返回的都是 0，但 BL(0, 0) 返回的是 255，那么图像的最左上角那个像素就是蓝色。参赛者编写的代码会被插进下面这段程序当中（笔者做了一些细微的改动），最终会生成一个大小为 1 024×1 024 的图片。其中很多非常有意思的结果，本范例将其中一个用 Python 来实现。

【范例源代码与注释】（文件名 example7_8.py）

```
1  # 合成图像 example7_8.py
2  from PIL import Image
3  import math
4  def red(i,j):
5      x=y=0
6      for k in range(256):
7          a = x*x - y*y +(i-768.0)/512
8          y = 2*x*y+(j-512.0)/512
9          x=a
10         if(x*x+y*y>4):
11             break
12     return int((math.log(k)*47)%256)
13 def green(i,j):
14     x=y=0
15     for k in range(256):
16         a = x*x - y*y +(i-768.0)/512
17         y = 2*x*y+(j-512.0)/512
```

```
18          x=a
19          if(x*x+y*y>4):
20              break
21      return int((math.log(k)*47)%256)
22  def blue(i,j):
23      x=y=0
24      for k in range(256):
25          a = x*x - y*y +(i-768.0)/512
26          y = 2*x*y+(j-512.0)/512
27          x=a
28          if(x*x+y*y>4):
29              break
30      return int((math.log(k)*47)%256)
31  im = Image.new('RGB', (512,512))
32  for i in range(512):
33      for j in range(512):
34          # 计算 Red 通道值
35          R=red(i,j)
36          # 计算 Green 通道值
37          G=green(i,j)
38          # 计算 Blue 通道值
39          B=blue(i,j)
40          # 利用 putpixel 函数设置像素值
41          im.putpixel((i,j),(R,G,B))
42  im.save('syn.jpg')
```

【程序运行】

程序运行结束后，当前程序运行的文件夹下会新产生一个新的 syn.jpg 文件，它是一个非常有意思的分形图像，如图 7.6 所示。

【范例说明】

程序中通过调用 red()、green() 和 blue() 函数来计算当前位置的像素值，其中这三个函数的参数都是像素位置。可以看出以上示例代码三个函数是一样的，所以 R、G、B 三个值是一样的，图像呈现灰色。读者可以自行修改这三个函数，自己设计合成图像。

图7.6 有意思的分形图像

7.3.4 numpy 库

numpy 是一个 Python 的第三方库，代表 Numeric Python，主要用于数学/科学计算。它是一个由多维数组对象和用于处理数组的例程集合组成的库。

使用 numpy 可以轻松进行如下计算：

（1）数组的算数和逻辑运算。

（2）傅立叶变换和用于图形操作的例程。

（3）与线性代数有关和随机数生成的操作。

numpy 的基本数据类型为 ndarray，它是一个多维数组对象，由两部分构成：

（1）实际的数据。

（2）描述这些数据的元数据（数据维度、数据类型等）。

ndarray 对象的属性见表 7.12。

表 7.12 ndarray 对象的属性

属　性	说　明
ndarray.ndim	维度的数量
ndarray.shape	ndarray对象的尺度，对于矩阵，n行m列
ndarray.size	ndarray对象元素的个数，相当于.shape中n*m的值
ndarray.dtype	ndarray对象的元素类型
ndarray.itemsize	ndarray对象中每个元素的大小，以字节为单位

利用 array() 函数可以将一个列表转化成一个 ndarray 对象，示例代码如下：

```
>>> a=np.array([[0,1,2,3],[4,5,6,7],[8,9,10,11]])
>>> a.ndim
2
>>> a.shape
(3, 4)
>>> a.size
12
>>> a.dtype
dtype('int64')
>>> a.itemsize
8
```

创建 ndarray 数组的函数见表 7.13。

表 7.13 创建 ndarray 数组的函数

函　数	说　明
np.array(list/tuple)	从Python中的列表、元组等类型创建ndarray数组
np.arange(n)	类似range()函数，返回ndarray类型，元素从0～n-1
np.ones(shape)	根据shape生成一个全1数组，shape是元组类型
np.zeros(shape)	根据shape生成一个全0数组，shape是元组类型
np.full(shape,val)	根据shape生成一个数组，每个元素值都是val
np.eye(n)	创建一个正方的n*n单位矩阵，对角线为1，其余为0
np.ones_like(a)	根据数组a的形状生成一个全1数组
np.zeros_like(a)	根据数组a的形状生成一个全0数组
np.full_like(a,val)	根据数组a的形状生成一个数组，每个元素值都是val
np.linspace()	根据起止数据等间距地填充数据，形成数组
np.concatenate()	将两个或多个数组合并成一个新的数组

对 ndarray 数组进行变换的函数见表 7.14。

表 7.14 对 ndarray 数组进行变换的函数

方法	说明
ndarray.reshape(shape)	不改变数组元素，返回一个shape形状的数组，原数组不变
ndarray.resize(shape)	与.reshape()功能一致，但会修改原数组
ndarray.astype(new_type)	创建新的数组
ndarray.swapaxes(ax1,ax2)	将数组n个维度中两个维度进行调换
ndarray.flatten()	对数组进行降维，返回折叠后的一维数组，原数组不变
ndarray.tolist()	数组向列表转换

numpy 中常见运算见表 7.15。

表 7.15 numpy 中常见运算

函数	说明
np.abs(x) np.fabs(x)	计算数组各元素的绝对值
np.sqrt(x)	计算数组各元素的平方根
np.square(x)	计算数组各元素的平方
np.log(x) np.log10(x) np.log2(x)	计算数组各元素的自然对数、10底对数和2底对数
np.ceil(x) np.floor(x)	计算数组各元素的ceiling值或floor值
np.rint(x)	计算数组各元素的四舍五入值
np.modf(x)	将数组各元素的小数和整数部分以两个独立数组形式返回
np.cos(x) np.cosh(x) np.sin(x) np.sinh(x) np.tan(x) np.tanh(x)	计算数组各元素的普通型和双曲型三角函数
np.exp(x)	计算数组各元素的指数值
np.sign(x)	计算数组各元素的符号值，1(+)，0，−1(−)
− * / **	两个数组各元素进行对应运算
np.maximum(x,y) np.fmax() np.minimum(x,y) np.fmin()	元素级的最大值/最小值计算
np.mod(x,y)	元素级的模运算
np.copysign(x,y)	将数组y中各元素值的符号赋值给数组x对应元素
< > = <= == !=	算术比较，产生布尔型数组

对 ndarray 的索引和切片操作与 list 相似。

范例 7-9 numpy 的性能优势。

【范例分析】

numpy 的 ndarray 对象和 python 自带的 list 对象在用法上有很多相似的地方，ndarray 在表面上可以看成是一个元素都是数值的列表。那为什么还要设计 ndarray 对象呢？这是因为 list 并非为数值计算设计，计算效率非常低。本范例同时利用 numpy 和 list 实现矩阵乘法，并对两种方法计时，比较两种方法的计算性能。

【范例源代码与注释】（文件名 example7_9.py）

```
1   # 矩阵乘法性能比较 example7_9.py
2   import random
3   import time
4   import numpy as np
5   import copy
6   dim = 200
7   # 利用随机数产生两个列表
8   listA = []
9   listB = []
10  for i in range(dim):
11      A = []
12      B = []
13      for j in range(dim):
14          A.append(random.random()*100)
15          B.append(random.random()*100)
16      listA.append(A)
17      listB.append(B)
18  listM = copy.deepcopy(listA)
19  tStart= time.clock()
20  # 利用循环计算矩阵乘法
21  for i in range(dim):
22      for j in range(dim):
23          for k in range(dim):
24              listM[i][j] += listA[i][k]*listB[k][j]
25  tEnd = time.clock()
26  print("list 计算{}×{}的矩阵乘法耗时：{}".format(dim,dim,tEnd-tStart))
27  # 将列表转成 ndarray
28  npA=np.array(listA)
29  npB=np.array(listB)
30  tStart= time.clock()
31  # 利用 numpy 计算矩阵乘法
32  npC=np.dot(npA, npB)
33  tEnd = time.clock()
34  print("numpy 计算{}×{}的矩阵乘法耗时：{}".format(dim,dim,tEnd-tStart))
```

【程序运行】
程序运行结果如下：

```
>>>
================= RESTART =================
list 计算200×200的矩阵乘法耗时：2.423773219381658
numpy 计算200×200的矩阵乘法耗时：0.005051942231479423
```

【范例说明】

通过以上运行结果可以看出，计算 200×200 的矩阵乘法时，二者的时间消耗相差 500 倍左右，性能的差异是巨大的，numpy 的计算性能优势是相当明显的。所以针对计算密集型的程序，特别是涉及矩阵运算的程序，善于使用 numpy 库将会使程序运行效率更高。

7.3.5 matplotlib 库

在做数据分析的时候，能够将抽象的数据以图的形式展示出来，毫无疑问，能够大大地增强数据的可读性，在数据分析时，强大的 matplotlib 拔得头筹，以其强大的功能风靡整个数据分析界。这一小节将简要介绍 matplotlib 这个库。

matplotlib 的官网网站上给出了大量的示例代码，当读者想画一个图但不知道怎么画出来的时候，可以去官网上获取参考，网站上罗列出了各式各样的绘图形式，可以从中挑选出想画的图的样子，然后点进去按照说明画出自己想要的图。

使用 matplotlib 库绘图，原理很简单，主要包括下面 5 个步骤：

（1）创建一个图纸（figure）。
（2）在图纸上创建一个或多个绘图（plotting）区域（也叫子图、坐标系/轴、axes）。
（3）在绘图 plotting 区域上描绘点、线等各种标记（marker）。
（4）为绘图 plotting 添加修饰标签（绘图线上的或坐标轴上的）。
（5）在绘图中添加其他元素，如本文、阴影等。

下面通过两个范例简要介绍 matplotlib 绘图过程。

范例 7-10 利用 matplotlib 绘制曲线。

【范例分析】

利用 matplotlib 来绘制图像非常简单，只需要按照上面提到的 5 个步骤逐步进行就可以。

【范例源代码与注释】（文件名 example7_10.py）

```
1  #matplotlib 绘制曲线 example7_10.py
2  import matplotlib.pyplot as plt
3  import numpy as np
4  def f(t):
5      return np.exp(-t) * np.cos(2*np.pi*t)
6  # 产生 x 坐标轴数据
7  t1 = np.arange(0.0, 5.0, 0.1)
8  t2 = np.arange(0.0, 5.0, 0.02)
9  # 绘制第一个子图
10 plt.figure(1)
11 plt.subplot(211)
12 plt.plot(t1, f(t1), 'bo', t2, f(t2), 'k')
13 # 绘制第二个子图
14 plt.subplot(212)
15 plt.plot(t2, np.cos(2*np.pi*t2), 'r--')
16 # 显示绘图结果
17 plt.show()
```

【程序运行】

程序运行结束后,会显示绘制结果,如图7.7所示。

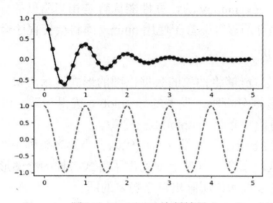

图7.7 matplotlib绘制结果

【范例说明】

程序中仅仅数行代码就可以完成曲线的绘制。其中 plt.figure(1) 创建一个画布,plt.subplot(211) 中的 211 代表 plt 包含 2 行 1 列个子图,目前绘制第 1 个子图。后面 212 代表目前绘制第 2 个子图。plt.plot() 函数中可以包含多个曲线样式的选项,可以自由组合,绘制想要的结果。

范例 7-11 单个子图中绘制多个曲线。

【范例分析】

数据分析过程中,经常需要将多个曲线绘制在单个图上,这样可以更加方便和直观地展示数据之间的差异,比如比较性能、查看趋势等。本范例中要处理的数据为不同算法下图像压缩算法的性能,衡量的标准是 PSNR 值,这个值越大越好。这些值存储在 csv 文件中,如图 7.8 所示。可以看出,如果只是单纯地查看这些数据,并不能直观地展示性能的比较结果。

```
result.csv - 记事本
文件(F) 编辑(E) 格式(O) 查看(V) 帮助(H)
15,0.171422,35.828151,0.125821,35.80380224,0.125241,35.506795
30,0.257996,37.783805,0.164501,37.69203421,0.1631,37.362907
45,0.349694,38.8063,0.214631,38.73807101,0.212013,38.329188
60,0.443006,39.611293,0.266786,39.51921561,0.264762,39.141471
80,0.718325,41.15936,0.419554,41.12247816,0.416384,40.75508
90,1.130506,42.600508,0.646017,42.58673052,0.641587,42.362408
```

图7.8 图像压缩算法的性能

【范例源代码与注释】(文件名 example7_11.py)

```python
1  # 绘制多个曲线 example7_11.py
2  import numpy as np
3  import matplotlib.pyplot as plt
4  # 读取 csv 数据
5  data = np.loadtxt("result.csv", delimiter=',')
6  # 取出第一条曲线数据
7  x1 = data[1:,1]
```

```
8   y1 = data[1:,2]
9   # 取出第二条曲线数据
10  x2 = data[1:,3]
11  y2 = data[1:,4]
12  # 取出第三条曲线数据
13  x3 = data[1:,5]
14  y3 = data[1:,6]
15  # 绘制三条曲线
16  plt.plot(x1,y1,marker = 'x', color = 'r', label='NONE')
17  plt.plot(x2,y2,marker = 'o', color = 'b', label='JPEG2000')
18  plt.plot(x3,y3,marker = 's', color = 'g', label='Ours')
19  # 显示背景格线
20  plt.grid()
21  # 增加 x 轴标签
22  plt.xlabel("bbp(bits per pixel)")
23  # 增加 y 轴标签
24  plt.ylabel("PSNR")
25  # 显示图例
26  plt.legend()
27  # 显示绘图结果
28  plt.show()
```

【程序运行】

程序运行结束后，会显示绘制结果，如图 7.9 所示。

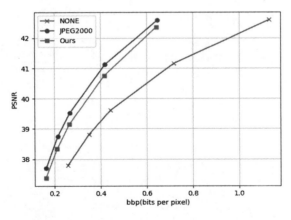

图7.9　多条曲线绘制结果

【范例说明】

当绘制多条曲线时，可以直接多次调用 plot() 函数，依次绘制曲线即可。通过比较可以非常直观地看出哪个方法性能更好。

matplotlib 功能非常强大，支持各种数据可视化方式，如饼图、柱状图、散点图等。感兴趣的读者可以自行查阅官网说明文档。

课后练习

1. 请读者调研自己感兴趣的领域的第三方库，将它安装在自己的系统中，并尝试使用它完成一些小的示例。
2. 解析范例 7-5 中第 13 行代码的含义。
3. 利用 pip 安装词云库 wordcloud，认真阅读它的说明文档，为范例 7-5 构建词云展示效果。
4. 阅读 PIL 相关文档，练习使用各个函数进行图像处理。
5. 笛卡儿心形曲线：1649 年，52 岁的笛卡儿受聘做 18 岁瑞典公主克里斯汀的数学老师，每天形影不离地相处使他们彼此产生了爱慕之心，国王知道后不然大怒，将笛卡儿流放回法国。回到法国后不久笛卡儿便染上重病，在给克里斯汀寄出的第十三封信后就气绝身亡，这第十三封信的内容只有短短的一个公式：$r=a(1-\sin\theta)$。这就是著名的"心形线"。利用 numpy 和 matplotlib 绘制出这条曲线。

附录 A

计算机基础知识

A.1 初识计算机

A.1.1 计算机的发展

自古以来,人类就在不断地发明和改进计算工具。人类最初使用手指进行计算。人有十指,所以用手指记数并采用十进制记数法。用手指计算虽然很方便,但计算范围有限,计算结果也无法存储,于是人们用绳结、石子等作为工具来延长手指的计算能力,如中国古书记载的"上古结绳而治",拉丁文中 Calculus 的本意是用于计算的小石子。

我国春秋时期的算筹是世界上最古老的计算工具,如图 A.1 所示。算筹是在历史的发展中逐渐产生的,它最早出现在何时,已经不可考查,但到春秋战国时期,已经使用得非常普遍了。据《汉书·律历志》记载:算筹是圆形竹棍,长 23.86 厘米、横切面直径是 0.23 厘米。到公元六七世纪的隋朝,算筹长度缩短,圆棍改成方的或扁的。根据文献记载,算筹除竹筹外,还有木筹、铁筹、玉筹和牙筹。大约二百七十几枚为一束,放在一个布袋里,系在腰部随身携带。需要计数和计算的时候,就把它们取出来,放在桌上、炕上或地上都能摆弄。计算的时候摆成纵式和横式两种数字,按照纵横相间的原则表示任何自然数,从而进行加、减、乘、除、开方以及其他的代数计算。负数出现后,算筹分红黑两种,红筹表示正数,黑筹表示负数。

图 A.1 算筹及其摆法

中国古代这种十进位制的算筹记数法,在当时世界上是独一无二的。在世界数学史上是一个伟大的创造。把它与世界其他古老民族的计数法作一比较,其优越性是显而易见的。古罗马的数字系统没有位值制,只有七个基本符号,如要计稍大一点的数目就相当繁难。古美洲玛雅人用的是二十进位;古巴比伦人用的是六十进位,繁多的数码使记数和运算变得十分繁复,远不如只用 9 个数码便可表示任意自然数的十进位制来得简捷。中国古代数学之所以在计算方面取得许多卓越的成就,在一定程度上应该归功于这一符合十进位制的算筹记数法。

算盘,又作珠算盘,是我们祖先创造发明的一种简便的计算工具,珠算盘起源于北宋时代,北宋串档算珠。算盘是中国古代劳动人民发明创造的一种简便的计算工具,如图 A.2 所示。中国是算盘的故乡,在计算机已被普遍使用的今天,古老的算盘不仅没有被废弃,反而因它的灵便、准确等优点,在许多国家方兴未艾。因此,人们把算盘的发明与中国古代四大发明相提并论,北宋名画《清明上河图》中赵太丞家药铺柜就画有一架算盘。由于珠算盘运算方便、快速,几千年来一直是中国古代劳动人民普遍使用的计算工具,即使现代最先进的电子计算器也不能完全取代珠算盘的作用。联合国教科文组织刚刚在阿塞拜疆首都巴库通过,珠算正式成为人类非物质文化遗产。这也是我国第 30 项被列为非遗的项目。

进入电子计算机时代后,算盘仍然发挥着重要的作用。在中国,各行各业都有一批打算盘的高手。使用算盘除了运算方便以外,还可以锻炼思维能力,因为需要脑、眼、手的密切配合,是锻炼大脑的一种好方法。

图A.2　算盘

计算尺对数发明(1614 年)以后,乘除运算可以化为加减运算,利用这一特点,可制成对数计算尺。这是计算工具又一大发明。第一台能算加、减法的计算机的创制者是 B. 帕斯卡(1642 年),到目前为止还有几台保存在巴黎。1671 年左右,G.W. 莱布尼茨发明能做加、减、乘、除的计算机。自此以后,许多人在这方面做了大量的工作。特别是经过 L.H. 托马斯、W. 奥德内尔等人的改良之后,生产出多种手摇计算机,风行于全世界。

20 世纪初电子管的出现,为计算机的改革开辟了新的道路。1946 年,由于军事上的迫切需要,美国宾夕法尼亚大学和有关单位研制成功第一台电子计算机,命名为"电子数字积分仪与计算机",简称 ENIAC(Electronic Numerical Integrator And Calculator),如图 A.3 所示。主要的设计者是 J.W. 莫克利和 J.P. 埃克特等,冯·诺依曼也曾参与工作,改进其设计。此机使用 18 000 多个电子管,占地 167m^2,功率 150kW,重达 30t,计算速度每秒 5 000 次加法运算。ENIAC 的诞生使信息处理技术进入一个崭新的时代,标志着人类文明的一次飞跃和电子计算机时代的开始。

1946 年,美籍匈牙利数学家冯·诺依曼提出了重大的改进理论,被人们称为冯·诺依曼体系结构,主要包括两点:一是电子计算机以二进制为运算基础,二是电子计算机采用"存储程序"工作方式,即事先编写程序,再由计算机把这些信息存储起来,然后连续地、快速地执行程序,从而完成各种运算过程。存储程序工作原理把程序本身当作数据来对待,程序和该程序处理的数据用同样的方式存储,解决了计算机的运算自动化的问题和速度配合问题。至今,绝大部分计算机仍采用存储程序的方式工作。采用存储程序工作原理的计算机确定了计算机包含的五个硬件组成部分:运算器、控制器、存储器、输入设备和输出设备。

图A.3　ENIAC相关图片

半个多世纪以来，计算机制造技术发生了巨大变化，但冯·诺依曼体系结构仍然沿用至今，所以冯·诺依曼是当之无愧的数字计算机之父。

1965年，英特尔（Intel）创始人之一戈登·摩尔（Gordon Moore）提出了摩尔定律。其内容为：当价格不变时，集成电路上可容纳的元器件的数目，约每隔18～24个月便会增加一倍，性能也将提升一倍。换言之，每一美元所能买到的电脑性能，将每隔18～24个月翻一倍以上。这一定律揭示了信息技术进步的速度。尽管这种趋势已经持续了超过半个世纪，摩尔定律仍被认为是计算机发展史上最重要的预测法则。

从第一台电子计算机的诞生，电子计算机（又称电脑）以惊人的速度发展着，所使用的元器件已经历了四代的变化：

第一代即电子管计算机时代。第一台计算机ENIAC是这一代计算机的代表。它采用电子管为基本元件，体积大，功耗高，运算速度慢，每秒只能运算几千次。ENIAC用了18 000多个电子管，摆满一大间屋子，价格昂贵，高达几百万美元一台，只是应用在导弹、原子弹等国防技术尖端项目中的科学计算，是名副其实的计算用的机器。

第二代即晶体管计算机。这一代计算机采用晶体管基本元件。体积与功耗比第一代有所缩小和降低。运算速度可以达到每秒十几万至几十万次。除了用作科学计算、数据处理外，也开始用于事务管理。使用计算机的也不再限于军队、政府和科研机构。

第三代计算机即中小规模集成电路计算机时代，使用集成电路IC（Integrated Circuit），IC是在晶片上的一个完整的电子电路，晶片比手指甲还小，把晶体管、电阻、电容等电子元件焊接在一块半导体硅片上去承担某种功能，这就是集成电路。这一代计算机开始采用中小规模的集成电路块为元件，体积和功耗进一步缩小和降低，运算速度达每秒几百万至几千万次。计算机软件系统基本形成。计算机生产系列化，使用范围更加广泛，应用范围开始普及到中小企业和家庭。

第四代计算机即大规模或超大规模集成电路计算机时代，使用大规模集成电路，包含几十万到上百万个晶体管。由于集成电路规模越来越大。普遍采用大规模集成电路块作元件，这一代计算机体积和功耗继续缩小和降低，运算速度迅速提高到每秒以亿次计。计算机软件丰富，计算机应用领域和范围都大幅度增加，并和通信相结合，开始出现了计算机网络化。现在人们普遍使用的方正电脑（Founder）、IBM等都属于第四代计算机。

1975年，美国IBM公司推出了个人计算机PC（Personal Computer）。个人计算机不需要共享其他计算机的处理、磁盘和打印机等资源也可以独立工作。包括台式机（Desktop，或称台式计算机、桌面电脑）、笔记本电脑、平板电脑、掌上电脑以及超极本等。

计算机的功能已远远不止是一种计算工具，它渗入人类几乎所有的活动领域，正改变着整个社会面貌，使人类历史迈入一个新的阶段——计算机时代。

A.1.2 计算机的特点

计算机在处理信息上，具有以下主要特点：

1. 自动化程度高，处理能力强

计算机把处理信息的过程表示为由许多指令按一定次序组成的程序。计算机具备预先存储程序并按存储的程序自动执行而不需要人工干预的能力，因而自动化程度高。

2. 运算速度快，处理能力强

由于计算机采用高速电子器件，因此计算机能以极高的速度工作。现在普通的微型计算机每秒可执行几十万条指令，而巨型计算机则可达每秒几十亿次甚至几百亿次。随着科技发展，此速度仍在提高。

3. 具有很高的计算精确度

在科学的研究和工程设计中，对计算的结果精确度有很高的要求。一般的计算工具只能达到几位数字，而计算机对数据处理结果精确度可达到十几位、几十位的有效数字，根据需要甚至可达到任意的精度。由于计算机采用二进制表示数据，因此其精确度主要取决于计算机的字长，字越长，有效位数越多，精确度也越高。

4. 具有存储容量大的记忆功能

计算机的存储器具有存储、记忆大量信息的功能，这使计算机有了"记忆"的能力。目前计算机的存储量已高达千兆乃至更高数量级的容量，并仍在提高，其具有"记忆"功能是与传统计算机的一个重要区别。

5. 具有逻辑判断功能

计算机不仅具有基本的算术能力，还具有逻辑判断能力，这使计算机能进行诸如资料分类、情报检索等具有逻辑加工性质的工作。这种能力是计算机处理逻辑推理的前提。

此外，计算机还有体积小、重量轻、耗电少、功能强、使用灵活、维护方便、可靠性高、易掌握、价格便宜等优点。

A.1.3 计算机系统

一个完整的计算机系统由硬件（Hardware）系统和软件（Software）系统组成。硬件是指客观存在的物理实体，是构成计算机看得见、摸得着的物理元件的总称。软件是指运行在计算机硬件上的程序、运行程序所需的数据和相关文档的总称。硬件是软件发挥作用的物质基础，软件是使计算机系统发挥强大功能的灵魂，两者相辅相成，缺一不可。一般将没有安装软件的计算机称为"裸机"。计算机系统的各种功能都是由硬件和软件共同完成的。

1. 计算机硬件

硬件系统主要由中央处理器、存储器、输入/输出控制系统和各种外部设备组成。

（1）中央处理器

中央处理器（Central Processing Unit，简称 CPU）是一块超大规模的集成电路，是一台计算机的运算核心（Core）和控制核心（Control Unit），用以解释计算机指令以及处理计算机软件中的数据。

CPU 是对信息进行高速运算处理的主要部件，其处理速度可达每秒几亿次以上操作。人们判定计算机的计算速度的最重要的指标便是 CPU 的运算速度，CPU 就像是计算机的心脏，牵动着计算机的每一个部分。

（2）内部存储器

内部存储器（Memory）是计算机中重要的部件之一，它是与 CPU 进行沟通的桥梁。计算机中所有程序的运行都是在内部存储器中进行的，因此内部存储器的性能对计算机的影响非常大。内部存储器也被称为内存，其作用是暂时存放 CPU 中的运算数据，以及与硬盘等外部存储器交换的数据。存储器用于存储程序、数据和文件，常由快速的主存储器（容量可达数百兆字节，甚至数千兆字节）和慢速海量辅助存储器（容量可达数十千兆或数百千兆以上）组成。

内存常用的存储容量单位有：KB、MB、GB、TB。

（3）外部存储器

外部储存器是指除计算机内存及 CPU 缓存以外的储存器，此类储存器一般断电后仍然能保存数据（与内存断电数据就丢失不同）。常见的外部存储器有 U 盘、硬盘、光盘等。

固态硬盘（Solid State Drives），简称固盘（见图 A.4），固态硬盘用固态电子存储芯片阵列而制成的硬盘，由控制单元和存储单元（FLASH 芯片、DRAM 芯片）组成。

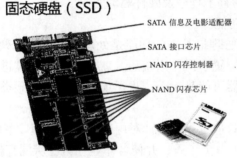

图A.4　固态硬盘

（4）输入设备

输入设备向计算机输入数据和信息的设备，是计算机与用户或其他设备通信的桥梁，说白了就是人类向计算机发送命令传输信息的设备，是人类控制计算机的工具。现在的计算机能够接收各种各样的数据，既可以是数值型的数据，也可以是各种非数值型的数据，如图形、图像、声音等都可以通过不同类型的输入设备输入到计算机中，进行存储、处理和输出。常见的输入设备有：键盘、鼠标器、操纵杆、光笔、摄像机、扫描仪、传真机等。

（5）输出设备

输出设备是计算机硬件系统的终端设备，用于接收计算机数据的输出显示、打印、声音、控制外围设备操作等。也是把各种计算结果数据或信息以数字、字符、图像、声音等形式表现出来。常见的输出设备有显示器、打印机、绘图仪、影像输出系统、语音输出系统、磁记录设备等。

输出设备和输入设备是对应的设备，用户使用输入设备给计算机发送指令之后便需要有输出设备把执行结果展现给用户，所以输出设备同样是计算机硬件系统中必不可少的部分。

（6）其他

显卡（Video card，Graphics card）全称显示接口卡，又称显示适配器，在游戏开发水平与日俱增的今天，显卡是计算机最基本最重要的配件之一。显卡作为计算机主机里的一个重要组成部分，是计算机进行数模信号转换的设备，承担输出显示图形的任务。

主板（Motherboard，Mainboard），又称母板，是构成复杂电子系统的中心或者主电路板。在计算机中，主板的功能便是将所有的硬件连接到一起构成计算机硬件系统，协同并维持各硬件的工作。

计算机中还有各种数据线、接口等硬件设备，不再一一详细介绍。

2. 计算机软件

计算机的软件是指计算机在运行的各种程序、数据及相关的文档资料。计算机软件分为系统软件和应用软件。

（1）系统软件

系统软件是指担负控制和协调计算机及其外部设备、支持应用软件的开发和运行的一类计算机软件。计算机系统软件能保证计算机按照用户的意愿正常运行，为满足用户使用计算机的各种需求，帮助用户管理计算机和维护资源执行用户命令、控制系统调度等任务。系统软件一般包括操作系统、语言处理程序、数据库系统和网络管理系统。

操作系统实施对各种软硬件资源的管理控制，包含各类操作系统，如 Windows、Linux、UNIX 等，还包括操作系统的补丁程序及硬件驱动程序。

操作系统具有以下基本功能：

① 处理器管理。处理器管理最基本的功能是处理中断事件。处理器只能发现中断事件并产生中断而不能进行处理。配置了操作系统后，就可对各种事件进行处理。处理器管理的另一功能是处理器调度。处理器可能是一个，也可能是多个，不同类型的操作系统将针对不同情况采取不同的调度策略。

② 存储器管理。存储器管理主要是指针对内存储器的管理。主要任务是：分配内存空间，保证各作业占用的存储空间不发生矛盾，并使各作业在自己所属存储区中不互相干扰。

③ 设备管理。设备管理是指负责管理各类外围设备（简称外设），包括分配、启动和故障处理等。主要任务是：当用户使用外部设备时，必须提出要求，待操作系统进行统一分配后方可使用。当用户的程序运行到要使用某外设时，由操作系统负责驱动外设。操作系统还具有处理外设中断请求的能力。

④ 文件管理。文件管理是指操作系统对信息资源的管理。在操作系统中，将负责存取的管理信息的部分称为文件系统。文件是在逻辑上具有完整意义的一组相关信息的有序集合，每个文件都有一个文件名。文件管理支持文件的存储、检索和修改等操作以及文件的保护功能。操作系统一般都提供功能较强的文件系统，有的还提供数据库系统来实现信息的管理工作。

⑤ 作业管理。每个用户请求计算机系统完成的一个独立的操作称为作业。作业管理包括作业的输入和输出，作业的调度与控制（根据用户的需要控制作业运行的步骤）。

（2）应用软件

应用软件是指为特定领域开发并为特定目的服务的一类软件，为满足用户不同领域、不同问题的应用需求而提供的软件。它可以拓宽计算机系统的应用领域，放大硬件的功能。应用软件是直接面向用户需要的，它们可以直接帮助用户提高工作质量和效率，甚至可以帮助用户解决某些难题。

应用软件有文字处理软件、媒体播放软件、辅助设计软件、信息管理软件等。以下列出一些常用软件：
① 办公软件：Office、WPS。
② 图像处理：Adobe Photoshop。
③ 图像浏览工具：ACDSee。
④ 图像/动画编辑工具：Flash、GIF Movie Gear（动态图片处理工具）、光影魔术手。
⑤ 通信工具：QQ、IPMSG（飞鸽传书，局域网传输工具）、微信。
⑥ 编程/程序开发软件：Java、VC++。
⑦ 翻译软件：金山词霸 PowerWord、Magic Windows（多语种中文系统）。
⑧ 防火墙和杀毒软件：金山毒霸、卡巴斯基、江民、瑞星、奇虎360安全卫士。
⑨ 阅读器：CajViewer、Adobe Reader。
⑩ 输入法：紫光输入法、智能ABC、五笔QQ拼音、搜狗拼音。
⑪ 压缩软件：WINRAR。

A.2 信息与计算文化

A.2.1 信息

信息是指音讯、消息、通信系统传输和处理的对象，泛指人类社会传播的一切内容，如数字、文字、表格图表、图形图像、动画、音频、视频等。在信息化社会里，计算机的存在总是和信息的计算、加工与处理、存储与检索等分不开。没有计算机就没有信息化，没有计算机科学、通信和网络技术的综合应用，就没有日益发展的信息化社会。

人通过获得、识别自然界和社会的不同信息来区别不同事物，得以认识和改造世界。在一切通信和控制系统中，信息是一种普遍联系的形式。1948年，数学家香农在题为《通信的数学理论》的论文中指出："信息是用来消除随机不定性的东西"。创建一切宇宙万物的最基本万能单位是信息。

信息无处不在，就在人们身边，人们需要信息、研究信息，人类生存都离不开信息。信息不能独立存在，必须借助某种符号才能表现出来，这些符号必须依附于某种载体上。信息无论在空间上还是在时间上都具有可传递性和可共享性，信息是可加工处理的。

A.2.2 计算文化

计算文化，就是人类社会的生存方式因使用计算机而发生根本性变化而产生的一种崭新文化形态。

计算文化作为当今最具活力的一种崭新文化形态，加快了人类社会前进的步伐，其所产生的思想观念、所带来的物质基础条件以及计算文化教育的普及有利于人类社会的进步、发展。同时，计算文化也带来了人类崭新的学习观念：面对浩瀚的知识海洋，人脑所能接受的知识是有限的，我们根本无法"背"完，计算机这种工具可以解放我们"背"的繁重的记忆性劳动，人脑应该更多地用来完成"创造"性劳动。

计算文化代表一个新的时代文化，它已经将一个人经过文化教育后所具有的能力由传统的读、写、算上升到了一个新高度：即除了能读、写、算以外还要具有计算机运用能力（信息能力）。而这种能力可通过计算文化的普及得到实现。

计算文化来源于计算机技术，正是后者的发展，孕育并推动了计算文化的产生和成长；而计算文化的普及，又反过来促进了计算机技术的进步与计算机应用的扩展。计算文化已成为当代大学生必备的基本文化素养。

A.3 数值在计算机中的表示

A.3.1 计算机中的数制

数制也称计数制，是用一组固定的符号和统一的规则来表示数值的方法。通常人们以十进制来计量事物，生活中也使用其他进制，如表示时间的六十进制，表示年月的十二进制等。数字计算机中，采用的数制有十进制、二进制、八进制和十六进制。

通常人们学习数制，必须首先掌握数码、基数和位权的概念，下面以十进制为例介绍相关概念。

数码：数制中表示基本数值大小的不同数字符号。例如，十进制有 10 个数码：0、1、2、3、4、5、6、7、8、9。

基数：数制所使用数码的个数。例如，十进制的基数为 10。

位权：数制中某一位上的 1 所表示数值的大小（即数码所处位置的计数单位）。例如，十进制的 123.45，1 的位权是 10^2，2 的位权是 10^1，3 的位权是 10^0，4 的位权是 10^{-1}，5 的位权是 10^{-2}。

根据以上概念，计算机中使用的四种数制相关内容见表 A.1。

表 A.1 计算机四种数制

数 制	基 数	数 码	位 权	计数原则	字母标识
二进制	2	0, 1	2^i	逢二进一	B, b
八进制	8	0~7	8^i	逢八进一	O, o
十进制	10	0~9	10^i	逢十进一	D, d
十六进制	16	0~9, ABCDEF	16^i	逢十六进一	H, h

二进制是计算机能够直接识别的，计算机中采用二进制的原因有以下几点：

（1）二进制易于实现。每个数字和字符都是由一系列电脉冲信号表示的，计算机中电路有脉冲时表示 1，否则表示 0。因此用一连串的 0、1 表示数字和字符，这样表示的数据容易移动和存储。

（2）二进制数运算规则简单。两个二进制数和、积运算组合各有三种，运算规则简单，有利于简化计算机内部结构，提高运算速度。

（3）二进制数适于逻辑运算。逻辑代数是逻辑运算的理论依据，二进制只有两个数码，正好与逻辑代数中的"真"和"假"相吻合。

（4）二进制与十进制数易于互相转换。

（5）二进制数据抗干扰能力强，可靠性高等优点。因为每位数据只有高低两个状态，当受到一定程度的干扰时，仍能可靠地分辨出它是高还是低。

A.3.2 进制间的相互转换

计算机中的数字、字符、图形、图像、声音、视频等信息，都是以 0 和 1 组成二进制编码。二进制在表示信息的时候，位数太长，不易识别，书写麻烦，因此在编写计算机程序时，经常用到八进制、十进制和十六进制，其目的是简化二进制的表示。为了区分各种数制，在数字后面加写相应的英文字母标识或在括号外加数字下标来表示，如 1010B 和（1010）$_2$ 都表示二进制数 1010。下面来看看各数制之间是的转换规则。下文将二进制、八进制和十六进制统称为 R 进制。

1. R 进制转换为十进制

按位权展开求和：将 R 进制每位上的数码与权位相乘，然后各项相加求和，即可得到相应的十进制数。

【例 1】：$10110.101_2 = (\quad)_{10}$

$72.1_8 = (\quad)_{10}$

$AB_{16} = (\quad)_{10}$

按位权展开：

$10110.101_2 = 1 \times 2^4 + 0 \times 2^3 + 1 \times 2^2 + 1 \times 2^1 + 0 \times 2^0 + 1 \times 2^{-1} + 0 \times 2^{-2} + 1 \times 2^{-3} = 22.625_{10}$

$72.1_8 = 7 \times 8^1 + 2 \times 8^0 + 1 \times 8^{-1} = 58.625_{10}$

$AB_{16} = 10 \times 16^1 + 11 \times 16^0 = 171_{10}$

2. 将十进制转换成 R 进制

将十进制数分两部分进行，即整数部分和小数部分。

整数部分（除 R 求余）：用被除数反复除以 R，除第一次外，每次除以 R 均取前一次商的整数部分作被除数并依次记下每次的余数。另外，所得到的商的最后一位余数是所求二进制数的最高位，即自底向上取余数。

小数部分（乘 R 取整）：连续乘以基数 R，并依次取出的整数部分，直至结果的小数部分为 0 或到达给定精度为止。

【例 2】：$100.125_{10} = (\quad)_2 = (\quad)_8 = (\quad)_{16}$

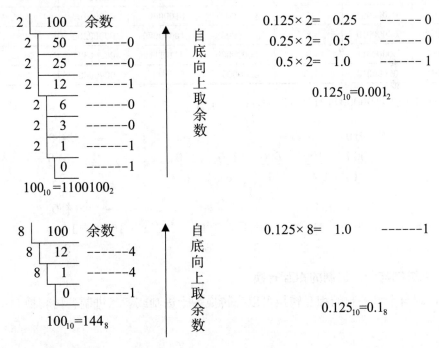

```
 16 | 100   余数
 16 |  6    ------4
        0   ------6

    $100_{10} = 64_{16}$
```

自底向上取余数

$0.125 \times 16 = \ 2.0 \quad \text{------}2$

$0.125_{10} = 0.2_{16}$

3. 二进制与八进制、十六进制的相互转换

$2^3=8$，3 位二进制表达的数字范围是 000~111，按位权展开相加得到 1 位数字即 0~7，八进制数码。同理，$2^4=16$，4 位二进制数按位权展开相加得到 1 位十六进制数。

二进制转换为八进制：以小数点为界，依次向左和向右取 3 位按位权展开，前后不足 3 位时补 0（3 位二进制转成八进制是从右到左开始转换）。

八进制转换为二进制：将 1 位八进制转换为 3 位二进制。

十六进制与二进制的相互转换：以小数点为界，依次向左和向右取 4 位按位权展开，前后不足 4 位时补 0；反之将 1 位十六进制转换为 4 位二进制。

表 A.2 给出部分数字四种进制对应值，均以 1 个字节（8 个二进制位）展示。

表 A.2 部分数字四种进制对应值

二 进 制	八 进 制	十 进 制	十六进制	二 进 制	八 进 制	十 进 制	十六进制
00000000	00000000	0	00000000	00001011	00000013	11	0000000B
00000001	00000001	1	00000001	00001100	00000014	12	0000000C
00000010	00000002	2	00000002	00001101	00000015	13	0000000D
00000011	00000003	3	00000003	00001110	00000016	14	0000000E
00000100	00000004	4	00000004	00001111	00000017	15	0000000F
00000101	00000005	5	00000005	00010000	00000020	16	00000010
00000110	00000006	6	00000006	00010100	00000024	32	00000020
00000111	00000007	7	00000007	01000000	00000100	64	00000040
00001000	00000010	8	00000008	10000000	00000200	128	00000080
00001001	00000011	9	00000009	11111111	00000377	255	000000FF
00001010	00000012	10	0000000A	—	00000400	256	00000100

【例 3】：$1100000110110.10101_2 = (\quad)_8 = (\quad)_{16}$

```
   补0                      ←  |  →            补0
   001   100   000   110   110  .  101   010
    1     4     0     6     6      5     2_8

   补0                                          补0
   0001  1000  0011  0110   .   1010  1000
    1     8     3     6          a    8_{16}
```

4. 八进制与十六进制的相互转换

八进制与十六进制的相互转换可以先转换为十进制或者二进制，再转换为对应的进制。

A.3.3 数的原码、反码和补码

原码、反码、补码是计算机存储一个具体数字的编码方式。一个数在计算机中的二进制表示形式，叫作这个数的机器数。机器数是带符号的，用这个数二进制的最高位存放符号，正数为 0，负数为 1。比如，十进制中的数 +3，若计算机字长为 8 位，转换成二进制就是 00000011_2。如果是 -3，就是 10000011_2。那么，这里的 00000011 和 10000011 就是机器数。

因为第一位是符号位，所以机器数的形式值就不等于真正的数值。例如 10000011_2，其最高位 1 代表负，其真正数值是 -3，而不是形式值 131（10000011 转换成十进制等于 131）。所以，为区别起见，将带符号位的机器数对应的真正数值称为机器数的真值。

例如，0000 0001 的真值 = +000 0001 = +1，1000 0001 的真值 = -000 0001 = -1。

以下均以 8 位二进制为例介绍各种编码。

1. 原码

原码就是符号位加上真值的绝对值，即用第一位表示符号，其余位表示真值的绝对值。原码是人脑最容易理解和计算的表示方式。因为第一位是符号位，所以 8 位二进制数的取值范围就是：[1111 1111，0111 1111]，即：[-127，127]。

【例 4】：$[+1]_原$ = 0000 0001

$[-1]_原$ = 1000 0001

2. 反码

反码的表示方法是：正数的反码与原码相同；负数的反码是在其原码的基础上，符号位不变，其余各位取反。

【例 5】：[+1] = $[00000001]_原$ = $[00000001]_反$

[-1] = $[10000001]_原$ = $[11111110]_反$

可见如果一个反码表示的是负数，人无法直观地看出来它的数值。通常要将其转换成原码再计算。

3. 补码

数值在计算机中是以补码的方式存储的。

补码的表示方法是：正数的补码与原码相同；负数的补码是在其原码的基础上，符号位不变，其余各位取反，末位加 1（即在反码的基础上末位加 1）。

【例 6】：[+1] = $[00000001]_原$ = $[00000001]_反$ = $[00000001]_补$

[-1] = $[10000001]_原$ = $[11111110]_反$ = $[11111111]_补$

对于负数，补码表示方式也是人无法直观看出其数值的。通常也需要转换成原码再计算其数值。

所以，计算机可以有三种编码方式表示一个数。对于正数，三种编码方式是相同的，对于负数原码、反码和补码是完全不同的。既然原码才是被人脑直接识别并用于计算表示方式，为何还会有反码和补码呢？因为如果让计算机辨别"符号位"，显然会让计算机的基础电路设计变得十分复杂，于是人们想出了将符号位也参与运算的方法。根据运算法则减去一个正数等于加上一个负数，即：1-1 = 1 + (-1) = 0，所以机器可以只有加法而没有减法，这样计算机运算的设计就更简单了。

用反码计算，出现了 0 这个特殊的数值，0 带符号是没有任何意义的，而且会有 [0000

0000] 和 [1000 0000] 两个编码表示 0。于是设计了补码，负数的补码就是反码 +1，正数的补码就是正数本身，从而解决了 0 的符号以及两个编码的问题：用 [0000 0000] 表示 0，用 [1000 0000] 表示 -128。注意 -128 实际上是使用以前的 -0 的补码来表示的，所以 -128 并没有原码和反码。使用补码，不仅仅修复了 0 的符号以及存在两个编码的问题，而且还能够多表示一个最低数。这就是为什么 8 位二进制，使用补码表示的范围为 [-128，127]。

A.4 计算机信息编码

计算机是以二进制方式组织、存放信息的，计算机编码就是指对输入到计算机中的各种数值和非数值数据用二进制进行编码的方式。对于不同的机器、不同类型的数据其编码方式是不同的，编码的方法也很多。为了信息的表示、交换、存储或加工处理的方便，在计算机系统中通常采用统一的编码方式，因此制定了编码的国家标准或国际标准，如 ASCII 码、汉字编码、Unicode 码等。计算机使用这些编码在计算机内部和外部设备之间以及计算机之间进行信息交换。本节重点介绍以下几种编码。

A.4.1 BCD 编码

计算机为了适应人们的日常使用习惯，采用十进制数方式进行输入和输出。这样，在计算机中就要将十进制数转换为二进制数，即用 0 和 1 的不同组合来表示十进制数。无论采用哪种将十进制数转换为二进制数的编码方式，统称为 BCD 编码（Binary-Coded Decimal），或二—十进制代码。

最常用的 BCD 编码，用 4 位二进制数来表示 1 位十进制数中的 0~9 这 10 个数码。是一种二进制的数字编码形式，用二进制编码的十进制代码。BCD 编码形式利用了 4 个二进制位来存储一个十进制的数码，使二进制和十进制之间的转换得以快捷地进行。这种编码技巧最常用于会计系统设计，因为会计制度经常需要对很长的数字字符串作准确的计算。相对于一般的浮点式记数法，采用 BCD 编码，即可保存数值的精确度，又可免去使计算机作浮点运算时所耗费的时间。此外，对于其他需要高精确度的计算，BCD 编码也很常用。

A.4.2 字符编码

字符编码是指对一切输入到计算机中的字符进行二进制编码的方式。国际上广泛采用的编码是 ASCII 码（ASCII，American Standard Code for Information Interchange）。

标准 ASCII 码是 7 位编码，但由于计算机基本处理单位为字节（1byte = 8bit），所以一般仍以一个字节来存放一个 ASCII 字符。每一个字节中多余出来的一位（最高位）在计算机内部通常保持为 0，在数据传输时可用作奇偶校验位。

基本的 ASCII 字符集共有 128 个字符，其中有 96 个可打印字符，包括常用的英文字母、数字、标点符号等，另外还有 32 个控制字符。字母和数字的 ASCII 码的记忆是非常简单的。只要记住了一个字母或数字的 ASCII 码（例如记住 A 为 65，0 的 ASCII 码为 48），知道相应的大小写字母之间差 32，就可以推算出其余字母、数字的 ASCII 码。表 A.3 给出了 ASCII 码对照表。

表 A.3 ASCII 码对照表

ASCII值	控制字符	ASCII值	控制字符	ASCII值	控制字符	ASCII值	控制字符
0	NUL	16	DLE	32	(space)	48	0
1	SOH	17	DCI	33	!	49	1
2	STX	18	DC2	34	"	50	2
3	ETX	19	DC3	35	#	51	3
4	EOT	20	DC4	36	$	52	4
5	ENQ	21	NAK	37	%	53	5
6	ACK	22	SYN	38	&	54	6
7	BEL	23	TB	39	'	55	7
8	BS	24	CAN	40	(	56	8
9	HT	25	EM	41	)	57	9
10	LF	26	SUB	42	*	58	:
11	VT	27	ESC	43	+	59	;
12	FF	28	FS	44	,	60	<
13	CR	29	GS	45	-	61	=
14	SO	30	RS	46	.	62	>
15	SI	31	US	47	/	63	?
64	@	80	P	96	`	112	p
65	A	81	Q	97	a	113	q
66	B	82	R	98	b	114	r
67	C	83	S	99	c	115	s
68	D	84	T	100	d	116	t
69	E	85	U	101	e	117	u
70	F	86	V	102	f	118	v
71	G	87	W	103	g	119	w
72	H	88	X	104	h	120	x
73	I	89	Y	105	i	121	y
74	J	90	Z	106	j	122	z
75	K	91	[	107	k	123	{
76	L	92	/	108	l	124	|
77	M	93	]	109	m	125	}
78	N	94	^	110	n	126	~
79	O	95	_	111	o	127	DEL

A.4.3 汉字编码

由于电子计算机现有的输入键盘与英文打字机键盘完全兼容，因而如何输入非拉丁字母的文字（包括汉字）便成了多年来人们研究的课题。汉字编码（Chinese Character Encoding）是为汉字设计的一种便于输入计算机的代码。汉字编码有许多困难，汉字数量庞大、字形复杂、存在大量一音多字和一字多音的现象。计算机在处理汉字时也要将其转化为二进制编码，这就需要对汉字进行编码。

1. 汉字输入码

汉字输入码也称机外码，主要解决如何使用西文标准键盘把汉字输入到计算机中的问题。

常用的汉字输入码有拼音码、五笔字型码、自然码、表形码、认知码、区位码和电报码等，好的编码应有编码规则简单、易学好记、操作方便、重码率低、输入速度快等优点，每个人都可根据自己的需要进行选择。

2. 国标码

计算机内部处理的信息，都是用二进制代码表示的，汉字也不例外。而二进制代码使用起来是不方便的，于是需要采用信息交换码。计算机处理汉字所用的编码标准是我国1980年颁布的国家标准GB2312—1980《信息交换用汉字编码字符集 基本集》，简称国标码（也称交换码GB2312），于1981年5月1日实施，是一个简化的编码规范。国标码中，共收录了一、二级汉字和图形符号7 445个，每个汉字由两个字节构成。

区位码是国标码的另一种表现形式，把国标GB2312—1980中的汉字、图形符号组成一个94×94的方阵，分为94个"区"，每区包含94个"位"，其中"区"的序号由01～94，"位"的序号也是从01～94。94个区中位置总数=94×94=8 836个，其中7 445个汉字和图形字符中的每一个占一个位置后，还剩下1 391个空位，这1 391个位置空下来保留备用。

3. 机内码

机内码也称内码，是指计算机内部存储、处理汉字所用的编码，即汉字系统中使用的二进制字符编码，是沟通输入、输出与系统平台之间的交换码，通过内码可以达到通用和高效率传输文本的目的。通常，汉字输入码通过输入设备，如键盘，被计算机接收后，由汉字操作系统的输入码转换模块转换为机内码。

根据国标码的规定，每一个汉字都有确定的二进制代码，在计算机内部汉字代码都用机内码，在磁盘上记录汉字代码也使用机内码。

4. 字形码

字形码（汉字字库）是汉字的输出编码，计算机对各种文字信息进行二进制编码处理后，必须通过字形码转换为人能看懂且能表示为各种字形、字体的文字格式，然后通过输出设备输出。输出汉字时都采用图形方式，无论汉字的笔画多少，每个汉字都可以写在同样大小的方块中。通常用16×16点阵来显示汉字。

参 考 文 献

[1] 杨明福. 计算机应用基础 [M]. 北京：机械工业出版社，2005.
[2] 谭浩强. C 程序设计 [M]. 4 版. 北京：清华大学出版社，2010.
[3] 龚沛曾. Visual Basic 程序设计教程 [M]. 北京：高等教育出版社，2013.
[4] 海特兰. Python 基础教程 [M]. 3 版. 袁国忠，译. 北京：人民邮电出版社，2018.
[5] 马瑟斯. Python 编程从入门到实践 [M]. 袁国忠，译. 北京：人民邮电出版社，2016.
[6] 冯林. Python 程序设计与实现 [M]. 北京：高等教育出版社，2015.
[7] 春. Python 核心编程 [M]. 3 版. 孙波翔，李斌，李晗，译. 北京：人民邮电出版社，2016.
[8] 策勒. Python 程序设计 [M]. 3 版. 王海鹏，译. 北京：人民邮电出版社，2018.
[9] 刘瑜，车紫辉，顾明臣，等. 算法之美：Python 语言实现 [M]. 北京：中国水利水电出版社，2020.
[10] 明日科技. Python 数据分析从入门到精通 [M]. 北京：清华大学出版社，2021.
[11] 欧弗兰，班纳特. 高阶 Python：代码精进之路 [M]. 李辉，韩慧昌，译. 北京：电子工业出版社，2022.